Food

A Series of Food Science & Technogy Textbooks
食品科技系列

普通高等教育"十二五"规划教材

食品检测与分析实验

王喜波　张英华　编　江连洲　主审

U0233878

化学工业出版社
·北京·

本书系统地阐明了食品中主要成分的测定原理、方法以及在实验过程中需要注意的事项和控制措施。全书共计 34 个实验，包括食品中水、糖类、脂类、蛋白质、维生素、矿物质、食品添加剂等的测定。为了便于读者更好地理解和把握本书的知识体系，每个实验后还附有思考题和参考文献，方便查阅相关内容。

本书不仅可作为高等院校食品科学与工程、食品质量与安全、乳品工程、粮食工程等专业的本科生基础教材，也可供从事食品相近专业的管理、科研和技术人员参考。

图书在版编目（CIP）数据

食品检测与分析实验/王喜波，张英华编. —北京：化学工业出版社，2013.6（2024.3重印）

普通高等教育"十二五"规划教材

ISBN 978-7-122-17188-7

Ⅰ.①食… Ⅱ.①王…②张… Ⅲ.①食品检验-高等学校-教材②食品分析-高等学校-教材 Ⅳ.①TS207.3

中国版本图书馆 CIP 数据核字（2013）第 086731 号

责任编辑：赵玉清   文字编辑：张春娥
责任校对：顾淑云   装帧设计：张 辉

出版发行：化学工业出版社（北京市东城区青年湖南街 13 号 邮政编码 100011）
印 装：北京虎彩文化传播有限公司
710mm×1000mm 1/16 印张 8½ 字数 155 千字 2024 年 3 月北京第 1 版第 6 次印刷

购书咨询：010-64518888   售后服务：010-64518899
网 址：http://www.cip.com.cn
凡购买本书，如有缺损质量问题，本社销售中心负责调换。

定 价：28.00 元

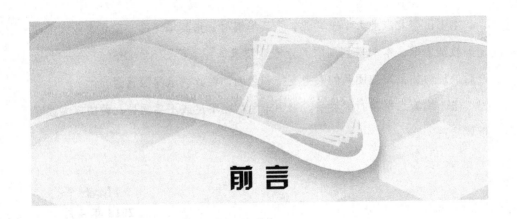

前言

随着我国食品工业的发展和人们生活水平的提高，人们的自我保健意识越来越强，对食品的品质要求也越来越高，在满足基本营养的基础上，开始追求具有保健功效的功能食品。但是，由于环境污染、农用化学品和食品添加剂滥用等涉及食品安全的事件不断出现，尤其是近十年来食品行业发生的几起重大食品安全事件严重影响了消费者的身心健康，使食品的质量安全越来越受到人民群众和政府的高度关注。因此，从食品质量安全控制的角度出发，从事食品加工和科学研究的科技工作者需要建立和更新食品的检测方法和技术手段，以更准确、更快捷、更方便地监控食品质量，保障食品安全。

《食品检测与分析实验》是"普通高等教育'十二五'规划教材"《食品检测与分析》的配套教材，食品的检测与分析是一门实践性很强的课程，实验教学是增强学生动手能力、提高分析和解决问题能力的重要实践环节，因此，我们根据课程属性、教学和培养学生实践技能等要求编写了此教材，并注重实用性、科学性和先进性。

本书结合实际教学和工作需求，编写了 34 个实验，主要介绍了食品基本营养成分测定方法、部分有毒有害物质测定方法、常用食品添加剂的测定方法等内容。由于篇幅所限，本书没有将"实验室基本知识"、"常用试剂配制方法等附录"和食品中其他物质的检测方法等内容编写在内。本书适用于高等院校的食品科学与工程专业、食品质量与安全专业、乳品工程及粮食工程等专业的学生使用，也可供从事食品质量检测监督等工作的技术人员参考。

本书由东北农业大学王喜波、张英华编写，张英华统稿，东北农业大学江连洲教授主审。本书得到国家大豆产业技术体系（CARS-04-PS25）——大豆产后处理与加工岗位团队的大力支持和帮助，在此表示深深感谢。

限于编者水平及时间关系，书中难免存在不足或不妥之处，希望广大读者批评指正。

编者
2013 年 4 月

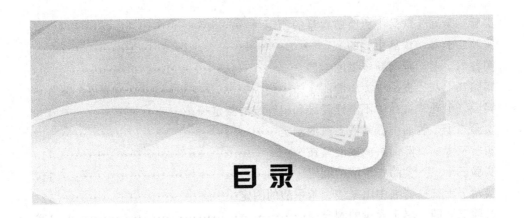

目 录

实验一 食品的密度测定 ……………………………………………… 1

实验二 全脂乳粉中水分的测定 ……………………………………… 5

实验三 食品中水分的测定 …………………………………………… 7

实验四 鲜乳脂肪含量的测定 ………………………………………… 12

实验五 牛乳酸度的测定 ……………………………………………… 15

实验六 甜炼乳中乳糖及蔗糖量的测定 ……………………………… 18

实验七 食品中维生素 C 的测定 …………………………………… 22

实验八 牛乳中脂肪的测定 …………………………………………… 28

实验九 蛋白质含量的测定 …………………………………………… 31

实验十 白酒中甲醇的测定（品红-亚硫酸比色法） ……………… 35

实验十一 食品中锡的测定 …………………………………………… 38

实验十二 小香槟（汽酒）中总糖的测定 …………………………… 41

实验十三 食品中锌的测定 …………………………………………… 44

实验十四 非固体食品和酒精饮料中的苯甲酸测定 ………………… 47

实验十五 糖精含量的测定 …………………………………………… 50

实验十六 食品中亚硝酸盐测定 ……………………………………… 55

实验十七 食品中总砷的测定（氢化物原子荧光光度法） ………… 58

实验十八 食品中铅的测定 …………………………………………… 61

实验十九 叶绿素含量的测定 ………………………………………… 66

实验二十 食品中汞的测定 …………………………………………… 68

实验二十一 糕干粉中铜元素的测定 ………………………………… 74

实验二十二 植物油酸败指标的比较测定 …………………………… 78

实验二十三 食品中着色剂的测定 …………………………………… 83

实验二十四 蘑菇罐头中漂白剂 SO_2 的测定 ……………………… 87

实验二十五　食品中粗脂肪含量的测定 …………………………………… 91

实验二十六　食品中镉的测定 ……………………………………………… 94

实验二十七　鲜肉新鲜度的检验 …………………………………………… 98

实验二十八　食品中淀粉的测定 …………………………………………… 105

实验二十九　食品中不溶性纤维和粗纤维的测定 ………………………… 109

实验三十　酱油中氨基酸态氮的测定 ……………………………………… 112

实验三十一　蒸馏法测碳酸氢铵 …………………………………………… 115

实验三十二　食品中甲醛的测定 …………………………………………… 117

实验三十三　酱油中山梨酸、苯甲酸的测定 ……………………………… 121

实验三十四　单宁含量的测定 ……………………………………………… 126

实验一　食品的密度测定

一、目的

(1) 掌握液体食品密度的测定方法。
(2) 了解与掌握液体密度测定仪器的使用方法。

二、原理

　　相对密度是指一物质质量与同体积同温度纯水质量的比值，一般密度是指 20℃时的密度，用 r_{20}^{20} 表示，也可用某一物质的质量与同体积 4℃水的质量的比值，用 r_4^{20} 表示。

三、测定

1. 第一法（密度瓶法）

(1) 仪器　附温度计的密度瓶，如图 1-1(a) 所示。

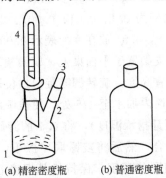

(a) 精密密度瓶　　　(b) 普通密度瓶

图 1-1　密度瓶

1—密度瓶；2—支管标线；3—支管上小帽；4—附温度计的瓶盖

（2）操作方法　取洁净、干燥精密称量的密度瓶，装满样品后，置 20℃ 水浴中浸 0.5h，使内容物温度达到 20℃，盖上瓶盖，并用细滤纸条吸去支管标线上的样品，盖好小帽后取出，用滤纸将密度瓶外擦干，置天平室内 0.5h，称量。再将样品倾出，洗净密度瓶，装满水，以下按上述自"置 20℃ 水浴中浸 0.5h"起依法操作。密度瓶内不能有气泡，天平室内温度不能超过 20℃，否则不能使用此法。

（3）结果计算

$$X = \frac{m_2 - m_0}{m_1 - m_0} \tag{1-1}$$

式中，X 为样品的密度；m_0 为密度瓶的质量，g；m_1 为密度瓶和水的质量，g；m_2 为密度瓶和样品的质量，g。

2. 第二法（密度计法）

（1）仪器　密度计：上部细管中有刻度标签，表示密度读数，下部球形内部装有汞和铅块。

（2）操作方法　将密度计洗净擦干，缓缓放入盛有待测液体样品的适当量筒中，勿使其触碰容器四周及底部，保持样品温度在 20℃，待其静置后，再轻轻按下少许，然后待其自然上升，静置至无气泡冒出后，从水平位置观察与液面相交处的刻度，即为样品的密度。

3. 第三法（密度天平法）

密度天平如图 1-2 所示，由支架 1、横梁 5、玻锤 10、玻璃圆筒 9、砝码 11 及游码 8 组成。横梁 5 的右端等分为 10 个刻度，玻锤 10 在空气中的质量准确为 15g，内附温度计，温度计上有一道红线或一道较粗的黑线用来表示在此温度玻锤能准确排开 5g 水重。此密度天平是水在该温度时的密度为 1。玻璃圆筒用来盛样品。砝码 11 的质量与玻锤相同，用来在空气中调节密度天平的零点。游码组 8 本身质量为 5g、0.5g、0.05g、0.005g，在放置于密度天平的横梁上时表示重量的比例为 0.1、0.01、0.001、0.0001，如 0.1 的放在密度天平横梁 8 处即表示 0.8，0.01 放在 9 处表示 0.09，余类推。

操作方法为测定时将支架置于平面桌上，横梁架于刀口处，挂钩处挂上砝码，调节升降旋钮，至适宜高度，旋转调零旋钮，使两指针吻合，然后取下砝码，挂上玻锤，在玻璃圆筒内加水至 4/5 处，使玻锤沉于玻璃圆筒内，调节水温至 20℃（即玻锤内温度计指示温度），将 0.1 的游码挂在横梁的刻度处，再调节调零旋钮使两指针吻合，然后将玻锤取出擦干，加欲测样品于干净圆筒中，使玻锤浸入至以前相同的深度，保持样品温度在 20℃，试放四种游码，至横梁上两指针吻合，游码所表示的总质量即为 20℃ 时的密度。玻锤放入圆筒内时，勿使其碰及圆筒四周及底部。

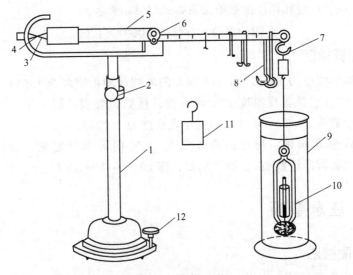

图1-2　密度天平

1—支架；2—升降调节旋钮；3，4—指针；5—横梁；6—刀口；7—挂钩；

8—游码；9—玻璃圆筒；10—玻锤；11—砝码；12—调零旋钮

四、举例：牛乳密度测定

1. 仪器

（1）乳稠计　牛乳密度用乳稠计测定，乳稠计有 20℃/4℃ 和 15℃/15℃ 两种。

$$a+2°=b \tag{1-2}$$

式中，a 表示 20℃/4℃ 测得的读数，（°）；b 表示 15℃/15℃ 测得的读数，（°）。

（2）量筒　量筒高应大于乳稠计的长度，其直径大小应使乳稠计沉入后，量筒内壁与乳稠计的周边距离不小于5mm。

2. 方法

将 10～25℃ 的牛乳样品小心地注入容积为 250mL 的量筒中，加到量筒容积的3/4，勿使发生泡沫。用手拿住乳稠计上部，小心地将它沉入到相当标尺30°处，放手让它在乳中自由浮动，但不能与筒壁接触。待静止 1～2min 后，读取乳稠计度数，以牛乳表面层与乳稠计的接触点，即新月形表面的顶点为准。

根据牛乳温度和乳稠计度数，查牛乳温度换算表，将乳稠计度数换算成 20℃ 或 15℃ 时的度数。

密度（r_4^{20}）与乳稠计度数的关系如式(1-3)所示。

$$乳稠计度数 = (r_4^{20} - 1.000) \times 1000 \qquad (1-3)$$

3. 计算举例

牛乳试样温度为16℃，用20℃/4℃的乳稠计测得密度为1.0305，即乳稠计读数为30.5°。换算成温度20℃时乳稠计度数，查表，同16℃、30.5°对应的乳稠计度数为29.5°，即20℃时的牛乳密度为1.0295。

若计算全乳固体，则可换算成15℃/15℃的乳稠计度数，这可直接从20℃/4℃的乳稠计读数29.5°加2°求得，即29.5°+2°=31.5°。

五、注意事项

1. 密度瓶法

① 密度瓶要清洁、干燥，测定时瓶内不能有气泡产生；

② 调节温度时不要低于天平室内的温度，否则样品外溢；

③ 若水温为4℃，而不是20℃的水，测得值要乘以一个校正系数0.99823（密度）。

④ 对于样品含糖量高及黏稠液体，测定密度时使用毛细管密度瓶。

2. 密度计法

采用密度计测定相对密度时，玻璃圆筒要放在平的实验台或桌面上，使密度计悬在量筒中心，不要碰及容器四周和底部。

六、思考题

1. 为什么某些食品要测密度？

2. 以密度瓶法测定相对密度时误差来源有哪几方面？如何防止？

参 考 文 献

[1] GB/T 5009.2—2003 食品的相对密度的测定.

实验二 全脂乳粉中水分的测定

一、目的

1. 通过本实验掌握全脂乳粉水分测定的方法。
2. 领会常压干燥法测定水分的原理及操作要点。
3. 熟悉烘箱的使用，以及天平称量、恒重等基本操作。

二、原理

食品中的水分一般是指在大气压下，在 $100℃$ 左右加热所失去的物质。但实际上在此温度下所失去的是挥发性物质的总量，而不完全是水。

干燥法必须符合下列条件（对食品而言）：

（1）水分是唯一挥发成分　这就是说，在加热时只有水分挥发。例如，样品中含酒精、香精油、芳香脂都不能用干燥法，这些都有挥发成分。

（2）水分挥发要完全　对于一些糖和果胶、明胶所形成冻胶中的结合水，它们结合得很牢固，不易排除。有时样品被烘焦以后，样品中的结合水都不能除掉。因此，采用常压干燥的水分，并不是食品中总的水分含量。

（3）食品中的其他成分由于受热而引起的化学变化可以忽略不计。

三、仪器与试剂

1. 仪器

分析天平、烘箱、称量瓶、干燥器。

2. 试剂

全脂乳粉。

四、操作方法

（1）将称量瓶清洗干净，在 100～105℃烘箱内干燥 0.5h，置于干燥器内冷却 25～30min，取出于分析天平中称重，重复操作至恒重，准确至 0.2mg。

（2）准确称取 3～5g 奶粉样品于已恒重的有盖铝皿或玻璃称量皿中，将称量皿连同样品置于 100～105℃烘箱内，开盖。经 2～3h 后取出，加盖，置于干燥皿中冷却 25～30min 后，将盖盖紧，于分析天平中称重。

（3）重复以上操作，直至前后两次质量差不超过 0.002g 即为恒重。油脂或高脂肪样品，由于脂肪氧化，而使后一次质量可能反而增加，应以前一次重量计算，从干燥前后质量差计算出奶粉水分的百分含量。

五、结果计算

$$水分（\%）=\frac{G_2-G_1}{W}\times100 \tag{2-1}$$

$$干燥物（\%）=100-水分含量（\%）$$

式中，G_1 表示恒重后称量皿和样品质量，g；G_2 表示称量皿和样品质量，g；W 表示样品质量，g。

六、注意事项

1. 分析天平使用前要预热半小时，调平后方可使用。
2. 有盖的称量皿放到烘箱里时，要开盖放置烘干。

七、思考题

为什么在开始恒重时后一次重量可能反而增加？

参 考 文 献

[1]　GB 5009.3—2010　食品安全国家标准　食品中水分的测定.

实验三　食品中水分的测定

一、第一法　直接干燥法

1. 目的

（1）了解采用常压干燥法测定水分的方法。

（2）熟练和掌握分析天平使用方法。

（3）明确造成测定误差的主要原因。

2. 原理

利用食品中水分的物理性质，在 101.3kPa（一个大气压）、温度 $100\sim$ 105℃使样品中水分挥发，测定样品干燥减少的重量，通过干燥前后的称量数值计算出食品中水分的含量。

3. 试剂与仪器

（1）试剂

① 6mol/L 盐酸　量取 100mL 浓盐酸，加水稀释至 200mL。

② 6mol/L 氢氧化钠溶液　称取 24g 氢氧化钠，加水溶解并稀释至 100mL。

③ 海砂　取水洗除去泥土的海砂或河砂，先用 6mol/L 盐酸煮沸 0.5h，用水洗至中性，再用 6mol/L 氢氧化钠溶液煮沸 0.5h，用水洗至中性，经 105℃干燥备用。

（2）仪器

① 扁形铝制或玻璃制称量瓶。

② 干燥器：内附有效干燥剂。

③ 天平：感量为 0.1mg。

④ 恒温干燥箱。

4. 操作方法

（1）固体样品　取洁净铝制或玻璃制的扁形称量瓶，置于95～105℃干燥箱中，瓶盖斜支于瓶边，加热0.5～1.0h取出盖好，置干燥器内冷却0.5h，称量，并重复干燥至恒重。称取2.00～10.00g切碎或磨细的样品，放入此称量瓶中，样品厚度约为5mm，加盖称量后，置95～105℃干燥箱中，瓶盖斜支于瓶边，干燥2～4h后，盖好取出，放入干燥器内冷却0.5h后称量。然后再放入95～105℃干燥箱中干燥1h左右，取出，放干燥器内冷却0.5h后再称量。至前后两次质量差不超过2mg，即为恒重。

（2）半固体或液体样品　取洁净的蒸发器，内加10.0克海砂及一根小玻璃棒，置于95～105℃干燥箱中，干燥0.5～1.0h后取出，放入干燥器内冷却0.5h后称量，并重复干燥至恒量。然后精密称取5～10g样品，置于蒸发器中，用小玻璃棒搅匀放在沸水浴上蒸干，并随时搅拌，擦去皿底的水滴，置95～105℃干燥箱中干燥4h后盖好取出，放入干燥器内冷却0.5h后称量。然后再放入95～105℃干燥箱中干燥1h左右，取出，放干燥器内冷却0.5h，称量，至前后两次质量差不超过2mg，即为恒重。

5. 计算

$$X = \frac{m_1 - m_2}{m_1 - m_3} \times 100 \qquad (3\text{-}1)$$

式中，X 表示样品中水分的含量，%；m_1 表示称量瓶（或蒸发皿加海砂、玻棒）和样品的质量，g；m_2 表示称量瓶（或蒸发皿加海砂、玻棒）和样品干燥后的质量，g；m_3 表示称量瓶（或蒸发皿加海砂、玻棒）的质量，g。

二、第二法　减压干燥法

1. 目的

（1）了解真空干燥法测定水分的方法。
（2）熟练和掌握分析天平使用方法。
（3）明确造成测定误差的主要原因。

2. 原理

食品中的水分是指在一定的温度及压力的情况下失去物质的总量，适用于含糖、味精等易分解的食品。

3. 试剂与仪器

（1）试剂　同直接干燥法。

（2）仪器

① 扁形铝制或玻璃制称量瓶。

② 干燥器：内附有效干燥剂。

③ 天平：感量为 0.1mg。

④ 真空干燥箱。

4. 操作方法

按直接干燥法要求称取样品，放入真空干燥箱内，将干燥箱连接水泵，抽出干燥箱内空气至所需压力（一般为 300～400mmHg❶），并同时加热至所需温度（50～60℃）。关闭通水泵或真空泵上的活塞，停止抽气，使干燥箱内保持一定的温度和压力，经一定时间后，打开活塞，使空气经干燥装置缓缓通入至干燥箱内，待压力恢复正常后再打开。取出称量瓶，放入干燥器中 0.5h 后称量，并重复以上操作至恒量（前后两次质量差不超过 2mg，即为恒重）。

5. 计算

同直接干燥法。

三、第三法　蒸馏干燥法

1. 目的

（1）了解采用蒸馏法测定水分的方法。

（2）熟练和掌握分析天平使用方法。

（3）明确造成测定误差的主要原因。

2. 原理

利用食品中水分的物理化学性质，使用水分测定器将食品中的水分与甲苯或二甲苯共同蒸出，根据接收的水的体积计算出试样中水分的含量。本方法适用于含较多其他挥发性物质的食品，如油脂、香辛料等。

3. 试剂与仪器

（1）试剂　甲苯或二甲苯（化学纯）：取甲苯或二甲苯，先以水饱和后，分去水层，进行蒸馏，收集馏出液备用。

---

❶ 1mmHg=133.322Pa。

（2）仪器

① 水分测定器　如图 3-1 所示（带可调电热套）。水分接收管容量为 5mL，最小刻度值 0.1mL，容量误差小于 0.1mL。

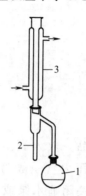

图 3-1　水分测定器
1—250mL 蒸馏瓶；2—水分接收管，有刻度；3—冷凝管

② 分析天平。

4. 操作方法

准确称取适量试样（应使最终蒸出的水在 2～5mL，但最多取样量不得超过蒸馏瓶的 2/3），放入 250mL 锥形瓶中，加入新蒸馏的甲苯（或二甲苯）75mL，连接冷凝管与水分接收管，从冷凝管顶端注入甲苯，装满水分接收管。加热慢慢蒸馏，使每秒的馏出液为 2 滴，待大部分水分蒸出后，加速蒸馏约每秒 4 滴，当水分全部蒸出后，接收管内的水分体积不再增加时，从冷凝管顶端加入甲苯冲洗。如冷凝管壁附有水滴，可用附有小橡皮头的铜丝擦下，再蒸馏片刻至接收管上部及冷凝管壁无水滴附着，接收管水平面保持 10min 不变为蒸馏终点，读取接收管水层的容积。

5. 计算

$$X = \frac{V}{m} \times 100 \tag{3-2}$$

式中，X 为试样中水分的含量，mL/100g（或按水在 20℃ 的密度 0.9982g/mL 计算质量）；V 为接收管内水的体积，mL；m 为试样的质量，g。

以重复性条件下获得的两次独立测定结果的算术平均值表示，结果保留三位有效数字。

四、思考题

1. 测定食品中水分的主要方法有几种，其原理及适用范围是什么？

2. 影响测定水分含量的误差因素有哪些?

参 考 文 献

[1] GB 5009.3—2010 食品安全国家标准 食品中水分的测定.

实验四　鲜乳脂肪含量的测定

一、目的

1. 了解鲜乳脂肪含量的测定方法。
2. 掌握有机溶剂萃取脂肪及回收溶剂等基本操作技能。
3. 熟悉罗紫-格特里法和巴布科克法测定鲜乳脂肪含量的原理及操作要点。

二、原理

1. 罗紫-格特里法

利用氨-乙醇溶液破坏乳的胶体性状及脂肪球膜，使非脂成分溶解于氨-乙醇溶液中，而脂肪游离出来，再用乙醚-石油醚提取出脂肪，蒸馏去除溶剂后，残留物即为乳脂。

2. 巴布科克法

利用硫酸溶解乳中的乳糖与蛋白质等非脂成分使脂肪球膜破坏，脂肪游离出来，在脂肪瓶中直接读取脂肪层的体积，从而迅速求出被检乳中的脂肪含量。

三、仪器与试剂

1. 仪器

100mL具塞量筒，电热恒温水浴，索氏提取器，巴布科克乳脂瓶，离心机。

2. 试剂

25％氨水、乙醚-石油醚、硫酸、鲜乳。

四、操作步骤

1. 用罗紫-格特里法测定鲜乳脂肪含量

（1）称取试样 1～10g，放入具塞量筒，加水总量为 10mL，摇匀。加 25%氨水 1.5mL 充分混合（若为奶粉，需于 60～70℃水浴中，边振荡混合，边加热 15min，使充分溶解后冷却）。加入 10mL 乙醇，加塞混匀。

（2）乙醚-石油醚提取　加乙醚 25mL，加塞轻轻振荡混匀，小心放出气体，再塞紧，剧烈振荡混合 1min，小心放出气体并取下塞子，加入 25mL 石油醚，同时洗涤塞子及筒口内壁。再次加塞，剧烈振荡混合 30s。小心开塞放出气体，敞口静置至分层清晰。再用乙醚-石油醚（1∶1）混合液数毫升洗涤塞子及筒口内侧，洗液注入筒内。用吸管将上层澄清液移入预先干燥恒重的脂肪瓶内，再用数毫升乙醚-石油醚混合液洗吸管、塞子、筒口。用乙醚、石油醚各 15mL 进行第二次、第三次提取，将提取液醚层都集中于脂肪瓶。最后一次提取完后不必进行洗涤。

（3）回收溶剂　利用索氏提取器于水浴上回收试剂，挥干残余醚，放入 100～105℃烘箱干燥 2h，冷却，称量。

2. 用巴布科克法测定鲜乳脂肪含量

取 20℃均匀鲜乳 17.6mL 注入乳脂瓶，用量筒取 17.5mL 浓硫酸小心倒入乳脂瓶，将瓶颈鲜乳一并洗下，小心摇动 2～3min，混合，以 1000r/min 转速离心 5min，取出，加 60℃热水使脂肪上升至瓶颈接近刻度顶点，再离心 1min。取出于 57～60℃水浴中保温数分钟，当脂肪柱上升稳定后即可读取脂肪百分比（读数时以上端凹面最高点为准）。

五、结果计算

$$脂类(\%) = \frac{m_2 - m_1}{m} \times 100 \tag{4-1}$$

式中，m 为试样质量，g；m_1 为脂肪瓶质量，g；m_2 为脂肪瓶及脂类质量，g。

六、思考题

1. 硫酸为什么能使蛋白质溶解？
2. 水浴加热的作用是什么？

七、注意事项

1. 提取用醚类应不含过氧化物。
2. 硫酸的浓度及用量应严格遵守方法中规定的要求。

参 考 文 献

[1] 黄晓东等. 巴氏法测定牛乳脂肪的改进. 饮料工业，2006，12：46-48.
[2] 陈晓平等. 食品理化检验. 北京：中国计量出版社，2008.

实验五　牛乳酸度的测定

一、目的

1. 掌握用滴定法测定牛乳酸度的方法。
2. 了解牛乳的新鲜程度与酸度的关系。
3. 理解酸度的测定原理。

二、原理

牛乳的酸度一般是以中和 100mL 牛乳所消耗的 0.1mol/L 氢氧化钠的体积（mL）来表示，或滴定 10mL 牛乳所消耗 0.1mol/L 的氢氧化钠的体积（mL）乘以 10，即为牛奶的酸度称为°T，简称为酸度，也可以乳酸的百分含量为牛乳的酸度。新鲜牛乳的酸度常为 16~18°T。

此中和反应用酚酞作指示剂，它在 pH 约 8.2 时，就确定了游离酸中的终点。无色的酚酞与碱作用时，生成酚酞盐，同时失去一分子水，引起醌型重排而呈现红色，反应式如下。

$$RCOOH + NaOH \longrightarrow RCOONa + H_2O$$

三、试剂与仪器

1. 试剂

（1）0.1mol/L NaOH 标准溶液　用小烧杯在粗天平上称取固体氢氧化钠 4g，加水 100mL，氢氧化钠全部溶解，将溶液倒入另一清洁试剂瓶中，用蒸馏水稀释至 1000mL，以橡皮塞塞瓶口，充分摇匀。

将化学纯邻苯二甲酸氢钾于 120℃ 烘约 1h 至恒重，冷却 25min，称取 0.3～0.4g（精确到 0.0001g），于 250mL 锥形瓶中，加入 100mL 水溶液，加三滴酚酞指示剂，用以上配好的氢氧化钠标准溶液滴定至微红色，半分钟不褪色为止。

按下式计算氢氧化钠标准溶液的浓度。

$$M = \frac{W}{V \times 0.2042} \tag{5-1}$$

式中，M 为氢氧化钠标准溶液的浓度，mol/L；V 为滴定时消耗氢氧化钠的体积，mL；W 为邻苯二甲酸氢钾的质量，g；0.2042 为与 1mol/L NaOH 溶液 1mL 相当的邻苯二甲酸氢钾的质量。

（2）0.5% 酚酞乙醇溶液。

2. 仪器

（1）250mL 锥形瓶。

（2）1mL 刻度吸管。

（3）5mL 微量滴定管。

（4）50mL 烧杯。

（5）60mL 滴瓶。

（6）10mL 吸管。

四、实验步骤

1. 样品制备

用吸管吸取 10mL 牛乳置于 100～150mL 锥形瓶中，加入 20mL 蒸馏水、1%～2% 酚酞指示剂 2～3 滴。

2. 沉淀、澄清

在乳样中加入 0.5～1g $CaCl_2$，静置 5～15min。

3. 滴定

用 0.1mol/L NaOH 溶液滴定乳样，平行测定 3 次。

五、计算

滴定酸度＝滴定消耗的 NaOH 体积（mL）×10，根据测定结果判定牛乳的品质。测定结果与牛乳品质的对应关系见表 5-1。

表 5-1　滴定酸度与牛乳品质的关系

滴定酸度/°T	牛乳的品质	滴定酸度/°T	牛乳的品质
16～18	正常新鲜牛奶	高于 25	酸性乳
低于 16	碱性乳或加水稀释乳	高于 27	加热时凝固
高于 21	微酸性乳	60 以上	酸化乳，自身会产生凝固

六、注意事项

1. 使用的 0.1mol/L NaOH 应经精密标定后使用，其中不应含有 Na_2CO_3，故所用蒸馏水应先经煮沸冷却，以驱除 CO_2。

2. 温度对乳的 pH 有影响，因乳中具有微酸性物质，其离解程度与温度有关，温度低时滴定酸度偏低。最好在 20℃±5℃滴定为宜。

3. 滴定速度越慢，则消耗碱液越多，误差大，最好在 20～30s 完成滴定。

七、思考题

1. 牛乳酸度测定原理是什么？
2. 简述评价牛乳新鲜度的操作流程。

参 考 文 献

[1] 陈晓平. 食品理化检验. 北京：中国计量出版社，2008.

[2] 张英华. 食品检测技术. 哈尔滨：东北林业大学出版社，2012.

实验六　甜炼乳中乳糖及蔗糖量的测定

一、目的

1. 了解甜炼乳中乳糖及蔗糖量的测定方法、原理及操作要点。
2. 熟练样品处理、转化、糖滴定等操作。

二、原理

样品经除去蛋白质，在加热条件下，直接滴定经标定的碱性酒石酸铜溶液，还原糖将二价铜还原为氧化亚铜。以次甲基蓝为指示剂，在终点稍过量的还原糖将蓝色的氧化型次甲基蓝还原为无色的次甲基蓝。根据试样消耗体积计算还原糖量。

三、仪器与试剂

1. 仪器

分析天平、250mL 容量瓶。

2. 试剂

（1）甜炼乳。

（2）1mg/mL 的乳糖及蔗糖标准液。

（3）葡萄糖标准溶液　准确称取 1.00g 经过 $96℃±2℃$ 干燥 2h 的纯葡萄糖，加水溶解后加入 5mL 盐酸，再用水稀释至 1000mL。1mL 此溶液相当于 1.0mg 葡萄糖。

（4）碱性酒石酸铜溶液甲液　称取 15g 硫酸铜（$CuSO_4 \cdot 5H_2O$）及 0.05g 次甲基蓝，加水溶解并稀释至 1000mL。

（5）碱性酒石酸铜乙液　称取 50g 酒石酸钾钠、75g 氢氧化钠溶于水中，再加入 4g 亚铁氰化钾。待完全溶解后，用水稀释至 1000mL，贮存于橡胶塞玻璃瓶内。

（6）甲基红指示剂。

（7）6mol/L 盐酸。

（8）2% 氢氧化钠。

四、操作方法

1. 样品制备

准确称取甜炼乳 2～2.5g，置于小烧杯中，用 100mL 蒸馏水分数次溶解并移入 250mL 容量瓶中。以下按还原糖测定中直接滴定法的方法进行处理，收集滤液供测定用。

2. 标定碱性酒石酸铜溶液

分别称取 1.000g 干燥至恒重的分析纯乳糖及蔗糖，配制成 1mg/mL 的乳糖及蔗糖标准液。按还原糖及总糖测定中的方法分别进行标定。计算每 10mL（甲、乙液各 5mL）碱性酒石酸铜溶液相当于乳糖及转化糖的质量。

3. 乳糖量的测定

按直接滴定法测定还原糖的操作进行测定，记录消耗样品溶液体积。

4. 蔗糖量的测定

取 50mL 样品处理液，按总糖量测定的方法进行水解，再按直接滴定法测定水解后的还原糖量，记录消耗样品水解液的体积。

5. 直接滴定法测定还原糖

（1）标定碱性酒石酸铜溶液　吸取碱性酒石酸铜甲液及乙液各 5mL，置于 250mL 锥形瓶中，加水 10mL，加玻璃珠 3 粒，从滴定管中加入约 9mL 标准葡萄糖液，使其在 2min 内加热至沸。趁沸以每 2 秒一滴的速度滴加糖液，直至溶液蓝色刚好褪去为终点，记录消耗葡萄糖液的体积。平行操作 3 次，得出平均消耗体积。计算每 10mL 碱性酒石酸铜（甲液及乙液各 5mL）相当于葡萄糖的质量（mg）。

（2）样品预测　吸取碱性酒石酸铜甲液及乙液各 5mL，置于 250mL 锥形瓶中，加水 10mL，加玻璃珠 3 粒，使其在 2min 内加热至沸。趁沸以先快后慢的速度从滴定管中滴加样品液，始终保持溶液的沸腾状态，待溶液蓝色变浅时，以每 2 秒一滴的速度滴定，直至溶液蓝色刚好褪去为终点，记录样品溶液的消耗体积。

（3）样品测定　吸取碱性酒石酸铜甲液及乙液各 5mL，置于 250mL 锥形瓶中，加水 10mL，加玻璃珠 3 粒，从滴定管中加入比预测少 1mL 的样品使其在 2min 内加热至沸。趁沸以每 2 秒一滴的速度滴定，直至溶液蓝色刚好褪去为终点，记录样品溶液的消耗体积。平行操作 3 次，得出平均消耗体积。

6. 样品中总糖的测定

吸取 50mL 样品处理液于 100mL 容量瓶中，加 6mol/L 盐酸 5mL，在 68～70℃水浴中加热 15min，冷却后加 2 滴甲基红指示剂，用 2%氢氧化钠中和至中性，加水至刻度，混匀。按还原糖测定法中的直接滴定法进行测定。

五、结果计算

$$乳糖（\%）=\frac{m_1}{m \times \dfrac{V_1}{250} \times 1000} \times 100 \tag{6-1}$$

式中，m 为样品质量，g；V_1 为测定乳糖平均消耗样品溶液的体积，mL；m_1 为 10mL 碱性酒石酸铜溶液相当于乳糖的质量，mg。

$$蔗糖（\%）=\frac{m_3 \times 0.95}{m \times \dfrac{50}{250 \times 100} \times 1000} \times \left(\frac{1}{V_2}-\frac{1}{V_3}\right) \tag{6-2}$$

式中，m 为样品质量，g；m_3 为 10mL 碱性酒石酸铜溶液相当于转化糖的质量，g；V_2 为水解前测定还原糖量平均消耗样品溶液的体积，mL；V_3 为水解后测定还原糖量平均消耗样品溶液的体积，mL；0.95 为转化糖换算为蔗糖的系数。

六、注意事项

1. 滴定过程中必须使溶液始终保持沸腾状态，确保液面覆盖水蒸气而不与空气接触。整个滴定过程中，锥形瓶不能离开电炉随意摇动，同时应戴上隔热隔气手套操作。

2. 对滴定操作条件应严格掌握，以保证测定结果平行。碱性酒石酸铜试剂标定、样品溶液预测和样品液测定三者的滴定操作条件应一致。每次滴定使用的锥形瓶规格质量、加热电炉功率、滴定速度、滴定消耗的大致体积以及终点观察方法等都应尽量一致，以减少误差。

七、思考题

比较甜炼乳中乳糖和蔗糖量的测定方法有什么不同？

参 考 文 献

[1] GB/T 5009.8—2008 食品中蔗糖的测定.

实验七 食品中维生素C的测定

一、第一法 钼蓝比色法

1. 目的

掌握钼蓝比色法测定水果中维生素C的原理，熟练本法基本技能。

2. 实验原理

维生素C又称抗坏血酸，它对物质的代谢具有重要作用，是人类营养中重要的维生素之一。维生素C是一种不饱和多羟化合物，是水溶性维生素。它具有很强的还原性，可分为还原型和氧化型（脱氢型）。还原型的维生素C能还原偏磷酸和钼酸铵反应生成的磷钼酸铵而生成亮蓝色的络合物。通过比色可以测定样品中还原型维生素C的含量。

3. 实验试剂及仪器

（1）实验试剂

① 草酸-EDTA 溶液：草酸 0.05mol/L、EDTA 0.2mol/L，准确称取含结晶水的草酸 6.3000g、EDTA 0.0584g，充分溶解定容至 1000mL。

② 5%的钼酸铵溶液（w/v）：准确称取钼酸铵 25.00g，加适量水溶解后定容至 500mL。

③ 5%的硫酸溶液（v/v）：吸取 5mL 的浓硫酸稀释至 100mL。

④ 偏磷酸-醋酸溶液：摇动溶解 15g 片状偏磷酸于 40mL 醋酸中，稀释至 500mL 用滤纸过滤，取滤液备用。

⑤ 维生素C标准液：准确称取 0.1000g 维生素C，用上述草酸-EDTA 溶液定容于 100mL 容量瓶中。

（2）实验仪器 紫外可见分光光度计。

4. 操作步骤

（1）标准曲线的绘制 分别吸取 0.40mL、0.60mL、0.80mL、1.00mL、

1.20mL、1.40mL 标准维生素 C 溶液于 10mL 的具塞刻度试管中，加入 1.00mL 偏磷酸-醋酸溶液，加入 5% 的硫酸溶液 2.0mL，摇匀后加入 4.00mL 钼酸铵溶液，15min 后以试剂空白为参比在 705nm 处测定吸光度。

（2）样品的提取　准确称取待测样品 100g，加入草酸-EDTA 溶液，经捣碎后移入 100mL（V_1）容量瓶，定容，过滤，吸取上清液即为待测样品的提取液。

（3）样品的测定　吸取水果的提取液 2mL（V_2）于 50mL 容量瓶中，加入 1.00mL 偏磷酸-醋酸溶液，加入 5% 的硫酸溶液 2.0mL，摇匀后加入 4.00mL 钼酸铵溶液，15min 后在 705nm 处测定吸光度。

5. 计算

按照样液的吸光值从标准曲线上查出对应的含量，用下式计算样品中还原型维生素 C 的含量，

$$V_C(\text{mg/g}) = \frac{C_x \times V_1}{W \times V_2} \qquad (7\text{-}1)$$

式中，C_x 为测定用样液中维生素 C 的含量，mg；V_1 为样液定容总体积，mL；V_2 为测定用样液总体积，mL；W 为样品质量，g。

6. 注意事项

维生素 C 极易分解，样品提取后应立即分析，分析过程应用新配维生素 C 标样校正。

7. 思考题

（1）食品中维生素 C 的测定方法有哪些？

（2）测定维生素 C 时最应该注意什么？

参 考 文 献

[1] 李玉红. 钼蓝比色法测定水果中还原型维生素 C. 天津化工，2002，1：31-32.

[2] 李军. 钼蓝比色测定还原型维生素 C. 食品科学，2000，8：42-45.

二、第二法　紫外分光光度法

1. 目的

（1）掌握紫外分光光度法快速测定水果中维生素 C 的原理。

（2）能熟练使用紫外分光光度计，了解紫外分光光度计的工作原理。

2. 实验原理

紫外分光光度快速测定法是根据维生素 C 具有对紫外产生吸收和对碱不稳定的特性，于波长 243nm 处测定样品溶液与碱处理样品两者吸光度之差，

通过查校准曲线，即可计算样品中维生素 C 的含量。

3. 实验试剂及仪器

（1）实验试剂

① 2.0％偏磷酸溶液。

② 0.5mol/L 氢氧化钠溶液。

③ 100μg/mL 抗坏血酸标准溶液：称取抗坏血酸 10mg（准确至 0.1mg），用 2％偏磷酸溶解，小心转移到 100mL 容量瓶中，并加偏磷酸稀释到刻度，混匀，此抗坏血酸溶液的浓度为 100μg/mL。以上试剂均为分析纯，实验用水为蒸馏水。

（2）仪器　紫外分光光度计、电子天平、高速组织捣碎机。

4. 操作步骤

（1）标准曲线的绘制　吸取 0.00mL、0.10mL、0.20mL、0.40mL、0.60mL、0.80mL、1.00mL、1.20mL 抗坏血酸标准使用溶液，置于 10mL 比色管中；用 2％偏磷酸定容，摇匀。以蒸馏水为参比，在波长 243nm 处测定吸光度。

（2）样品的制备　将水果样品洗净、擦干，称取具有代表性样品的可食部分 100g，放入组织捣碎机，加入 100mL 浸提剂，迅速捣成匀浆。称取 10～50g 浆状样品，用浸提剂将样品移入 100mL 容量瓶中，并稀释至刻度，摇匀。提取澄清液，取样测定。

（3）样液的测定　吸取 0.1mL 澄清透明提取液，加入 6 滴 0.5mol/L 氢氧化钠溶液，置于 10mL 比色管中混匀，在室温放置 40min 后，加入 2％偏磷酸稀释至刻度后摇匀。以蒸馏水为参比，在波长 243nm 处测定其吸光度。

5. 计算

$$V_C(mg/100g) = \frac{200 \times C}{m \times V} \times 100 \tag{7-2}$$

式中，m 为样品的质量，g；200 为稀释倍数；C 为从标准曲线上查得的维生素 C 的含量，μg/mL；V 为测试时吸取提取液体积，mL。

6. 注意事项

标准维生素 C 溶液要现用现配，若样品浑浊，可用离心机分离至样液澄清透明，去上清液分析测定。

7. 思考题

（1）维生素 C 对人体的作用有哪些？

（2）比较一下钼蓝比色测定方法和紫外分光光度快速测定维生素 C 法？

参 考 文 献

[1] 郑京平. 水果、蔬菜中维生素C含量的测定——紫外分光光度快速测定方法探讨. 光谱实验室, 2006, 4: 731 735.

三、第三法　2,6-二氯酚靛酚滴定法

1. 目的

掌握用2,6-二氯酚靛酚滴定法测定水果蔬菜中维生素C含量的原理、操作要点和基本操作技能。

2. 原理

此法利用氧化剂2,6-二氯酚靛酚测定水果蔬菜中还原型维生素C含量。2,6-二氯酚靛酚是一种染料，其颜色反应表现为两种特性。一是取决于氧化还原状态，氧化态为深蓝色，还原态为无色；二是受介质酸性的影响，碱性介质深蓝色，酸性介质浅红色。用蓝色的碱性染料标准液滴定含维生素C的酸性浸出液。染料被还原为无色，到达终点时，稍过量的染料在酸性介质中呈浅红色。从染料消耗量可以计算出试样中还原型维生素C的量。

3. 仪器与试剂

(1) 仪器

① 微量滴定管5mL。

② 吸管1.0mL、10.0mL。

③ 容量瓶100mL。

④ 电子分析天平。

⑤ 研钵。

⑥ 漏斗：Φ8cm。

(2) 试剂

① 2%草酸溶液：草酸2g溶于100mL蒸馏水中。

② 1%草酸溶液：溶1g草酸于100mL蒸馏水中。

③ 标准抗坏血酸溶液（0.1mg/mL）：准确称取50.0mg纯抗坏血酸，溶于1%草酸溶液，并稀释至500mL。贮于棕色瓶中，冷藏，最好临用时配置。

④ 1%HCl溶液。

⑤ 0.1% 2,6-二氯酚靛酚溶液：溶500mg 2,6-二氯酚靛酚于300mL含104mg NaHCO$_3$的热水中，冷却后加水稀释至500mL，滤去不溶物，贮棕色瓶内，冷藏（4℃约可保存一周）。每次临用时，以标准抗坏血酸液标定。

⑥ 松针、新鲜蔬菜（辣椒、青菜、番茄等）、新鲜水果（橘子、柑子、

橙、柚等）。

4. 操作方法

（1）不同样品用不同方法提取

① 松针：用水将松针洗净，以滤纸吸去表面水分。称取 1g 放入研钵中，加 1‰HCl 溶液 5mL 一起研磨。放置片刻，将提取液转入 50mL 容量瓶中。如此反复 2～3 次。最后用 1‰HCl 溶液稀释到刻度并混匀，静置 10min，过滤，滤液备用。

② 新鲜蔬菜和水果类：以水洗净样品，用纱布或吸水纸吸干表面水分。然后称取 20.0g，加 2‰草酸（2‰草酸可抑制抗坏血酸氧化酶，1‰草酸因浓度太低不能完成上述作用。偏磷酸有同样功效。若样品含有大量 Fe^{2+}，可用 8‰醋酸溶液提取，如仍用偏磷酸或草酸为提取剂，Fe^{2+} 可以还原二氯酚靛酚，如用醋酸则 Fe^{2+} 不会很快与染料起作用）100mL 置组织搅碎机中打成浆状。称取浆状物 5.0g，倒入 50mL 容量瓶以 2‰草酸溶液稀释直至刻度（如浆状物泡沫很多，可加数滴辛醇或丁醇）。静置 10min，过滤（最初数毫升滤液弃去。若浆状物不易过滤，可离心取上清液测定）。滤液备用（如滤液颜色太深，滴定时不易辨别终点，可先用白陶土脱色）。

（2）滴定

① 标准液滴定：准确吸取标准抗坏血酸溶液 1.0mL（含 0.1mg 抗坏血酸）置 100mL 锥形瓶中，加 9mL 1‰草酸溶液，微量滴定管以 0.1‰ 2,6-二氯酚靛酚滴定至淡红色，并保持 15s 即为终点（样品中某些杂质亦能还原二氯酚靛酚，但速度较抗坏血酸慢，故终点以淡红色存在 15s 内为准）。由所用染料的体积计算出 1mL 染料相当于多少毫克抗坏血酸。

② 样液滴定：准确吸取滤液两份，每份 10.0mL 分别放入两个 100mL 锥形瓶内，滴定方法同前（注意：滴定过程宜迅速，一般不超过 2min。滴定所用的染料不应少于 1mL 或多于 4mL，如果样品含抗坏血酸太高或太低时，可酌量增减样液）。

5. 结果计算

$$m = \frac{VT}{m_0} \times 100 \tag{7-3}$$

式中，m 为 100g 样品中含抗坏血酸的质量，mg；V 为滴定时所用染料体积，mL；T 为每毫升染料能氧化抗坏血酸质量，mg/mL；m_0 为 10mL 样液相当于含样品之质量，g。

6. 思考题

（1）为什么滴定过程宜迅速？

（2）为什么滴定终点以淡红色存在 15s 内为准？

参 考 文 献

［1］　赵晓梅等. 果蔬中 VC 含量测定方法的研究. 食品科技，2006，27：197-199.

［2］　张冬梅等. 对新鲜果蔬中维生素 C 的测定结果影响因素研究. 江西化工，2010，3：73-76.

［3］　苑乃香等. 2,6-二氯靛酚钠测定蔬菜中抗坏血酸的含量. 安徽农业科学，2009，25：11853-11854.

实验八　牛乳中脂肪的测定

一、目的

熟练掌握乳脂肪专用的测定方法及原理。

二、原理

牛乳与硫酸铵一定比例混合之后，使蛋白质溶解，并使脂肪球不能维持分散的乳胶状态。由于硫酸作用产生的热量，促使脂肪上升到液体表面，经过离心之后，则脂肪集中在巴氏乳脂瓶瓶颈处，直接读取脂肪层高度即为脂肪的百分含量。

三、仪器与试剂

(1) 硫酸（H_2SO_4）　分析纯，密度约 1.84g/L。

(2) 异戊醇（$C_5H_{12}O$）　分析纯。

(3) 乳脂离心机。

(4) 17.6mL、11mL 牛乳吸管。

(5) 盖勃氏乳脂计　最小刻度值为 0.1%，如图 8-1 所示。

(6) 恒温水浴锅。

四、方法

1. 巴布科克法

吸取 20℃牛乳 17.6mL，注入巴氏乳脂瓶中，加等量硫酸，小心倒入乳脂

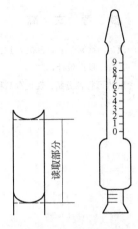

图 8-1 盖勃氏乳脂计

瓶，硫酸流入牛乳下面形成一层，摇动乳瓶使牛乳和硫酸混合，即成棕黑色，继续摇动 2～3min，将乳脂瓶放入离心机，1000r/min 离心 5min，取出后向瓶中加 60℃ 热水至分离的脂肪层在瓶颈部刻度处，再离心 2min，取出置 60℃ 水浴保温 5min，取出，立即读数。读数方法同盖勃法。所得数值即为脂肪的百分含量。

2. 盖勃法

量取硫酸 10mL 注入牛乳乳脂计内，颈口勿沾湿硫酸。用 11mL 吸管吸牛乳样品至刻度，加入同一牛乳乳脂计内，再加异戊醇 1mL，塞紧橡皮塞，充分摇动，使牛乳凝块溶解。将乳脂计放入 65～70℃ 的水浴中保温 5min，转入或转出橡皮塞使脂肪柱适合乳脂计刻度部分，然后置离心机中以 1000r/min 离心 5min，再放入 65～70℃ 的水浴中保温 5min，取出立即读数，读数时要将乳脂肪柱下弯月面放在与眼同一水平面上，以弯月面下限为准。所得数值即为脂肪的百分含量。

注意事项：①在盖勃法（酸法）测定脂肪过程中，应注意硫酸浓度。②加入异戊醇的作用，一是促进磷脂从蛋白质中分离，二是有利于游离脂肪从水相中分离。③以盖勃法测定脂肪，一定要按顺序在乳脂计中加入硫酸、牛奶、异戊醇，不可颠倒顺序，否则得不到测定结果。

五、思考题

1. 硫酸为什么能使蛋白质溶解？
2. 水浴加热的作用是什么？
3. 乳粉中脂肪含量如何测定？

参 考 文 献

[1]　黄晓东等. 巴氏法测定牛乳脂肪的改进. 饮料工业, 2006, 12：46-48.

[2]　陈晓平等. 食品理化检验. 北京：中国计量出版社, 2008.

[3]　王芸等. 盖勃法检测乳制品脂肪含量的可行性分析. 现代食品科技, 2009, 10：1236-1239.

实验九　蛋白质含量的测定

一、目的

掌握微量凯氏法测定蛋白质总氮量的原理及操作技术，包括样品的消化、蒸馏吸收及滴定与含氮量的计算。

二、原理

凯氏定氮法：食品经硫酸消化使蛋白质分解，其中氮素与硫酸化合成硫酸铵。然后加碱蒸馏使氨游离，用硼酸液吸收后，再用盐酸或硫酸滴定。根据盐酸消耗量，再乘以一定的数值即为蛋白质含量，其化学反应式如下。

$$2NH_2(CH_2)_2COOH + 13H_2SO_4 \longrightarrow (NH_4)_2SO_4 + 6CO_2 + 12SO_2 + 16H_2O$$

$$(NH_4)_2SO_4 + 2NaOH \longrightarrow 2NH_3 \uparrow + 2H_2O + Na_2SO_4$$

$$2NH_3 + 4H_3BO_3 \longrightarrow (NH_4)_2B_4O_7 + 5H_2O$$

$$(NH_4)_2B_4O_7 + 2HCl + 5H_2O \longrightarrow 2NH_4Cl + 4H_3BO_3$$

三、试剂与仪器

1. 试剂

所有试剂均为分析纯，水为蒸馏水或同等纯度的水。

（1）硫酸铜、硫酸钾、浓硫酸。

（2）40％氢氧化钠溶液　称取 40g 氢氧化钠加水溶解后，放冷，并稀释至 100mL。

（3）4％硼酸溶液　称取 4g 硼酸溶于蒸馏水中稀释至 100mL。

（4）0.01mol/L 盐酸标准滴定溶液。

（5）甲基红次甲基蓝混合指示液：将次甲基蓝乙醇溶液（1g/L）与甲基

红乙醇溶液（1g/L）按 1∶2 体积混合。

2. 仪器

（1）凯氏微量定氮仪一套。

（2）定氮瓶 50mL 1 只。

（3）锥形瓶 150mL 3 只。

（4）量筒 50mL、10mL、100mL。

（5）移液管 10mL 1 支。

（6）酸式滴定管 1 支。

（7）容量瓶 100mL 1 只。

（8）小漏斗 1 只。

（9）粉碎机、研钵。

四、操作方法

1. 试样制备

（1）固体样品　取有代表性的样品至少 200g，用研钵捣碎、研细；不易捣碎、研细的样品应切（剪）成细粒；干固体样品用粉碎机粉碎。

（2）液体样品　取充分混匀的液体样品至少 200g。

（3）粉状样品　取有代表性的样品至少 200g（如粉粒较大也应用研钵研细），混合均匀。

（4）糊状样品　取有代表性的样品至少 200g，混合均匀。

（5）固液体样品　按固、液体比例，取有代表性的样品至少 200g，用组织捣碎机捣碎，混合均匀。

（6）肉制品　取去除不可食部分、具有代表性的样品至少 200g，用绞肉机至少绞 2 次，混合均匀。

上述试样应放入密闭玻璃容器中，于 4℃冰箱内贮存备用，尽快测定。

2. 样品的消化

准确称取一定量的样品，加入硫酸铜 0.5g、硫酸钾 10g 和浓硫酸 20mL 以及玻璃珠数粒，小心移入干燥洁净的 500mL 凯氏烧瓶中（固体或粉末用纸卷成纸筒送入），轻轻摇匀，以 45°斜支于有小孔的石棉网上，用电炉以小火加热，待内容物全部炭化、泡沫停止产生后，加大火力（或将烧瓶放在电炉上），保持瓶内液体微沸，至液体变蓝绿色透明后，继续加热微沸 30min，关闭电炉，取下烧瓶、冷却，转移至 100mL 容量瓶中，加水定容。

3. 蒸馏与吸收

安装好微量定氮蒸馏装置。于水蒸气发生瓶内装水至 2/3 容积处，加甲基橙指示剂数滴及硫酸数毫升，以保持水呈酸性，加入数粒玻璃珠。在接收瓶中加入 10mL 40g/L 硼酸及 2 滴混合指示剂，将冷凝管下端插入液面以下。准确吸取消化液 10mL 于反应管内，经漏斗再加入 10mL 氢氧化钠溶液，用少量蒸馏水冲洗漏斗，夹好漏斗夹并水封，加热煮沸水蒸气发生瓶内的水进行蒸馏。指示剂变绿色后继续蒸馏 10min，将冷凝管尖端提离液面继续蒸 1min。

4. 滴定

将接收瓶内的硼酸液用 0.01mol/L 盐酸标准溶液滴定至终点。同时做一试剂空白（除不加样品，从消化开始操作完全相同）。

五、计算

$$W = \frac{c(V_2 - V_1) \times 0.014 \times F}{m \times \frac{10}{100}} \times 100 \qquad (9\text{-}1)$$

式中，W 为蛋白质的质量分数，g/100g；c 为盐酸标准溶液的浓度，mol/L；V_1 为空白滴定消耗标准液量，mL；V_2 为试剂滴定消耗标准液量，mL；m 为样品质量，g；0.014 为氮的毫摩尔质量，g/mmol；F 为蛋白质系数。

几类常见食物的蛋白质换算系数见表 9-1。

同一试样做两次平行试验，同时做空白试验。

表 9-1　常见食物的蛋白质换算系数

食品种类	F	食品种类	F
小麦	5.83	畜禽肉及其制品	6.25
小麦粉及其制品	5.70	乳及乳制品	6.38
大麦、燕麦、黑麦	5.83	芝麻、向日葵子、南瓜子	5.40
米	5.95	栗、胡桃	5.30
花生	5.46	其他食品	6.25
大豆及其制品	5.71		

六、注意事项

1. 样品应是均匀的，固体样品应预先研细混匀，液体样品应振摇或搅拌均匀。

2. 样品放入定氮瓶内时，不要沾附颈上，万一沾附可用少量水冲下，以免被检样消化不完全，结果偏低。

3. 消化时如不容易呈透明溶液，可将定氮瓶放冷后，慢慢加入 30% 过氧化氢 2～3mL，促使氧化。

4. 在整个消化过程中，不要用强火，保持和缓的沸腾，使火力集中在凯氏瓶底部，以免附在壁上的蛋白质在无硫酸存在的情况下使氮有损失。

5. 如硫酸缺少，过多的硫酸钾会引起氨的损失，这样会形成硫酸氢钾，而不与氨作用，因此当硫酸过多地被消耗或样品中脂肪含量过高时，要增加硫酸的量。

6. 加入硫酸钾的作用为增加溶液的沸点，硫酸铜为催化剂，硫酸铜在蒸馏时作碱性反应的指示剂。

7. 混合指示剂在碱性溶液中呈绿色，在中性溶液中呈灰色，在酸性溶液中呈红色。

8. 氨是否完全蒸馏出来，可用 pH 试纸试馏出液是否为碱性。

9. 吸收液也可以用 0.01mol/L 的酸代表硼酸，过剩的酸液用 0.01mol/L 碱液滴定。

10. 以硼酸为氨的吸收液，可省去标定碱液的操作，且硼酸的体积要求并不严格，亦可免去用移液管，操作比较简便。

11. 向蒸馏瓶中加入浓碱时，往往出现褐色沉淀物，这是由于分解促进碱与加入的硫酸铜反应，生成氢氧化铜，经加热后又分解生成氧化铜的沉淀。铜离子与氨作用，生成深蓝色的结合物。

七、思考题

1. 凯氏定氮的原理是什么？
2. 在消化时，加入硫酸钾和硫酸铜的作用分别是什么？

参 考 文 献

[1] 陈晓平等. 食品理化检验. 北京：中国计量出版社，2008.
[2] GB 5009.5—2010 食品中蛋白质的测定.

实验十　白酒中甲醇的测定
（品红-亚硫酸比色法）

一、目的

学习、掌握品红-亚硫酸比色法测定白酒中的甲醇，领会其原理及操作要点。

二、原理

酒中甲醇在磷酸溶液中被高锰酸钾氧化成甲醛，过量的高锰酸钾及在反应中产生的二氧化锰用硫酸-草酸溶液除去，甲醛与品红亚硫酸作用生成蓝紫色醌型色素，与标准系列比较定量。

三、试剂与仪器

1. 试剂

（1）高锰酸钾-磷酸溶液　称取 3g 高锰酸钾，加入 15mL 85％磷酸溶液及 70mL 水的混合液中，待高锰酸钾溶解后用水定容至 100mL。贮于棕色瓶中备用。

（2）草酸-硫酸溶液　称取 5g 无水草酸（$H_2C_2O_4$）或 7g 含 2 个结晶水的草酸（$H_2C_2O_2 \cdot 2H_2O$），溶于 1∶1 冷硫酸中，并用 1∶1 冷硫酸定容至 100mL。混匀后，贮于棕色瓶中备用。

（3）品红亚硫酸溶液　称取 0.1g 研细的碱性品红，分次加水（80℃）共 60mL，边加水边研磨使其溶解，待其充分溶解后滤于 100mL 容量瓶中，冷却后加 10mL（10％）亚硫酸钠溶液、1mL 盐酸，再加水至刻度，充分混匀，放置过夜。如溶液有颜色，可加少量活性炭搅拌后过滤，贮于棕色瓶中，置暗处保存。溶液呈红色时应弃去重新配制。

（4）甲醇标准溶液　准确称取 1.000g 甲醇（相当于 1.27mL）置于预先

装有少量蒸馏水的 100mL 容量瓶中，加水稀释至刻度，混匀。此溶液每毫升相当于 10mg 甲醇，置低温保存。

（5）甲醇标准使用液　吸取 10.0mL 甲醇标准溶液置于 100mL 容量瓶中，加水稀释至刻度，混匀。此溶液每毫升相当于 1mg 甲醇。

（6）无甲醇、无甲醛的乙醇制备　取 0.3mL 按操作方法检查，不应显色。如显色需进行处理。

取 300mL 乙醇（95%），加高锰酸钾少许，蒸馏，收集馏出液。在馏出液中加入硝酸银溶液（取 1g 硝酸银溶于少量水中）和氢氧化钠溶液（取 1.5g 氢氧化钠溶于少量水中），摇匀，取上清液蒸馏，弃去最初 50mL 馏出液，收集中间馏出液约 200mL，用酒精比重计测其浓度，然后加水配成无甲醇的乙醇溶液（体积分数为 60%）。

（7）100g/L 亚硫酸钠溶液。

2. 仪器

分光光度计。

四、操作方法

（1）根据待测白酒中含乙醇多少适当取样（含乙醇 30% 取 1.0mL；40% 取 0.8mL；50% 取 0.6mL；60% 取 0.5mL）于 25mL 具塞比色管中。

（2）精确吸取 0.0mL、0.20mL、0.40mL、0.60mL、0.80mL、1.00mL 甲醇标准使用液（相当于 0mg、0.2mg、0.4mg、0.6mg、0.8mg、1.0mg 甲醇）分别置于 25mL 具塞比色管中，各加入 0.5mL 60% 的无甲醇乙醇溶液。

（3）于样品管及标准管中各加水至 5mL，再依次加入 2mL 高锰酸钾-磷酸溶液，混匀，放置 10min。

（4）各管加 2mL 草酸-硫酸溶液，混匀后静置，使溶液退色。

（5）各管再加入 5mL 品红亚硫酸溶液，混匀，于 20℃ 以上静置 0.5h。

（6）以 0 管调零点，于 590nm 波长处测吸光度，与标准曲线比较定量。

五、结果计算

$$X = \frac{m}{V \times 1000} \times 100 \tag{10-1}$$

式中，X 为样品中甲醇的含量，g/100mL；m 为测定样品中所含的甲醇相当于标准的质量，mg；V 为样品取样体积，mL。

六、注意事项

1. 品红亚硫酸溶液呈红色时应重新配制，新配制的品红亚硫酸溶液放冰箱中 24～48h 后再用为好。

2. 白酒中其他醛类以及经高锰酸钾氧化后由醇类变成的醛类（如乙醛、丙醛等），与品红亚硫酸作用也显色，但在一定浓度的硫酸酸性溶液中，除甲醛可形成经久不褪的紫色外，其他醛类则历时不久即行消退或不显色，故无干扰。因此操作中时间条件必须严格控制。

3. 酒样和标准溶液中的乙醇浓度对比色有一定的影响，故样品与标准管中乙醇含量要大致相等。

七、思考题

1. 白酒中甲醇的测定原理是什么？
2. 甲醇对人体有哪些害处？

参 考 文 献

[1]　高文惠等. 白酒中甲醇测定方法的研究. 酿酒，2001，1：71-73.

实验十一　食品中锡的测定

一、目的

学习食品中锡的测定原理，掌握锡的测定方法，熟悉锡测定的基本实验技能。

二、原理

样品经消化后，在弱酸性溶液中四价锡离子与苯芴酮形成微溶性橙红色络合物，在保护性胶体存在下与标准系列比较定量。

三、仪器与试剂

1. 仪器

分光光度计。

2. 试剂

(1) 酒石酸溶液（100g/L）。

(2) 抗坏血酸溶液（10g/L），临用时配制。

(3) 动物胶溶液（5g/L），临用时配制。

(4) 酚酞指示液（10g/L）　称取 1g 酚酞，用乙醇溶解至 100mL。

(5) 氨水（1∶1）。

(6) 硫酸（1∶9）　量取 10mL 硫酸，倒入 90mL 水内，混匀。

(7) 苯芴酮溶液（0.1g/L）　称取 0.010g 苯芴酮（1,3,7-三羟基-9-苯基蒽醌），加少量甲醇及硫酸（1∶9）数滴溶解，以甲醇稀释至 100mL。

(8) 锡标准溶液　准确称取 0.1000g 金属锡（99.99%），置于小烧杯中，加 10mL 硫酸，盖以表面皿，加热至锡完全溶解，移去表面皿，继续加热至发生浓白烟，冷却，慢慢加 50mL 水，移入 100mL 容量瓶中，用硫酸（1∶9）多次洗涤烧杯，洗液并入容量瓶，并稀释至刻度，混匀。此溶液每毫升相当于1.0mg 锡。

（9）锡标准使用液　吸取 10.0mL 锡标准溶液，置于 100mL 容量瓶中，以硫酸（1∶9）稀释至刻度，混匀。如此再次稀释至每毫升相当于10.0μg 锡。

四、操作方法

1. 消化

同实验十八铅的测定。湿消解：称取固体试样 0.20～2.00g、液体试样2.00～10.00g（或 mL）于锥形瓶中，放数粒玻璃珠，加 5～10mL 硝酸＋高氯酸（4∶1）混合酸摇匀浸泡，放置过夜。次日置于电热板上加热消解，至消化液呈淡黄色或无色（如消解过程色泽较深，稍冷补加少量硝酸，继续消解），稍冷加入 20mL 水再继续加热赶酸，至消解液 0.5～1.0mL 止。冷却后用少量水转入 25mL 容量瓶中，并加入盐酸（1∶1）0.5mL、草酸溶液（10g/L）0.5mL，摇匀再加入铁氰化钾溶液（100g/L）1.0mL，用水准确稀释定容至25mL，摇匀放置 30min 后测定。同时作试剂空白。

2. 测定

吸取 1.00～5.00mL 样品消化液和同量的试剂空白溶液，分别置于 25mL比色管中。

吸取 0、0.20mL、0.40mL、0.60mL、0.80mL、1.00mL 锡标准使用液（相当于 0、2.0μg、4.0μg、6.0μg、8.0μg、10.0μg 锡）分别置于 25mL 比色管中。

于样品消化液、试剂空白液及锡标准使用液中各加 0.5mL 酒石酸溶液（100g/L）及 1 滴酚酞指示剂混匀，各加氨水（1∶1）中和至淡红色，加 3mL硫酸（1∶9）、1mL 动物胶溶液（5g/L）及 2.5mL 抗坏血酸溶液（10g/L），再加水至 25mL，混匀，再各加 2mL 苯芴酮溶液（0.1g/L），混匀，1h 后，用 2cm 比色杯以水调节零点，于波长 490nm 处测吸光度，标准各点减去零管吸光值后，绘制标准曲线或计算直线回归方程，样品吸光值与曲线比较或代入方程求出含量。

五、结果计算

$$X = \frac{(m_1 - m_2) \times 1000}{m \times (V_2/V_1) \times 1000} \tag{11-1}$$

式中，X 为样品中锡的含量，mg/kg；m_1 为测定用样品消化液中锡的质量，μg；m_2 为试剂空白液中锡的质量，μg；m 为样品质量，g；V_1 为样品消化液的总体积，mL；V_2 为测定用样品消化液的体积，mL。

六、思考题

1. 测定锡的原理是什么？
2. 锡对人体有什么重要作用？
3. 哪些常见食品中易含有锡？

参 考 文 献

[1] GB/T 5009.16—2003 食品中锡的测定.

实验十二 小香槟（汽酒）中总糖的测定

一、目的

1. 掌握汽酒中总糖的测定方法。
2. 领会直接滴定法测定总糖的基本原理。

二、原理

样品经除去 CO_2 后，在加热条件下，直接滴定标定过的碱性酒石酸铜液，以次甲基蓝作指示剂，根据样品液消耗体积，计算小香槟中总糖的量。

三、试剂与仪器

1. 试剂

（1）碱性酒石酸铜甲液　称取 15g 硫酸铜（$CuSO_4 \cdot 5H_2O$）及 0.05g 次甲基蓝，溶于水中并稀释至 1000mL。

（2）碱性酒石酸铜乙液　称取 50g 酒石酸钾钠及 75g 氢氧化钠，溶于水中，再加入 4g 亚铁氰化钾，完全溶解后，用水稀释至 1000mL，贮于橡胶塞玻璃瓶内。

（3）盐酸。

（4）葡萄糖标准溶液　精密称取 1.000g 经过 98~100℃ 干燥至恒重的纯葡萄糖，加水溶解后，加 5mL 盐酸，并以水稀释至 1000mL，此溶液每毫升相当于 1mg 葡萄糖。

（5）6mol/L 盐酸　量取 50mL 盐酸稀释至 100mL。

（6）甲基红指示液　0.1％乙醇溶液。

（7）20％氢氧化钠溶液。

2. 仪器

（1）恒温水浴。

（2）粗天平。

（3）碱式滴定管。

（4）150mL 锥形瓶。

（5）250mL 容量瓶、100mL 容量瓶。

四、操作方法

1. 样品处理

吸取样品 10mL，加水 40mL，在水浴上加热煮沸 10min 后，移入 250mL 容量瓶中加水至刻度，混匀后备用。

取以上样液 50mL 于 100mL 容量瓶中，加入 5mL 6mol/L 盐酸，在 68～70℃水浴中加热 15min，冷却后，加 2 滴甲基红指示液，用 20％氢氧化钠溶液中和至红色褪去，加水至刻度混匀。

2. 标定碱性酒石酸铜溶液

吸取碱性酒石酸铜甲、乙液各 5.0mL，置于 150mL 锥形瓶中，加水 20mL，加入玻璃珠 2 粒，从滴定管滴加约 9mL 葡萄糖标准溶液，控制在 2min 内加热至沸，趁沸以每 2 秒 1 滴的速度继续滴加葡萄糖标准溶液，直至溶液蓝色刚好褪去为终点，记录消耗葡萄糖标准溶液的总体积，同时平行操作三份，取其平均值，计算每 10mL（甲、乙液各 5mL）碱性酒石酸铜溶液相当于葡萄糖的质量（mg）。

3. 样品溶液预测

吸取碱性酒石酸铜甲、乙液各 5.0mL，置于 150mL 锥形瓶中，加水 20mL、玻璃珠 2 粒，控制在 2min 内加热至沸，趁沸以先快后慢的速度，从滴定管中滴加样品溶液，并保持溶液呈沸腾状态，等溶液颜色变浅时，以每 2 秒 1 滴的速度滴定，直至溶液蓝色刚好褪去为终点，记录样液消耗体积。

4. 样品溶液测定

吸取碱性酒石酸铜甲、乙液各 5.0mL 于 150mL 锥形瓶中，加水 20mL、玻璃珠 2 粒，从滴定管滴加比预测体积少 1mL 的样品溶液，使在 2min 内加热至沸，趁沸继续以每 2 秒 1 滴的速度滴定直至溶液蓝色刚好褪去为终点，记录样液消耗体积，同法平行测定三份，得出平均消耗体积。

五、计算

$$X = \frac{m \times 0.95}{V_1 \times V_2/250} \times 100 \qquad (12-1)$$

式中，X 为样品中总糖含量（以蔗糖计），%；m 为 10mL 碱性酒石酸铜溶液（甲、乙液各 5.0mL）相当于葡萄糖的质量，mg；V_1 为样品处理时吸取样品体积，mL；V_2 为测定时平均消耗样品溶液体积，mL；0.95（342/360）为葡萄糖换算为蔗糖的系数。

六、注意事项

1. 本方法测定的是一类具有还原性质的糖，包括葡萄糖、果糖、乳糖、麦芽糖等，只是结果用葡萄糖或其他转化糖的方式表示，所以不能误解为还原糖等于葡萄糖或其他糖。但如果已知样品中只含有某一种糖，如乳制品中的乳糖，则可以认为还原糖等于某糖。

2. 分别用葡萄糖、果糖、乳糖、麦芽糖标准品配制标准溶液滴定等量已标定的费林氏液，所消耗标准溶液的体积有所不同。证明即便同是还原糖，在物化性质上仍有所差别，所以还原糖的结果只是反映样品整体情况，并不完全等于各还原糖含量之和。如果已知样品只含有某种还原糖，则应以该还原糖作标准品，结果为该还原糖的含量。如果样品中还原糖的成分未知，或为多种还原糖的混合物，则以某种还原糖作标准品，结果以该还原糖计，但不代表该糖的真实含量。

七、思考题

1. 本实验的原理是什么？
2. 测定总糖的方法有哪些？
3. 测定过程需要保持沸腾的原因是什么？

参 考 文 献

[1]　GB/T 5009.7—2010　食品中还原糖的测定.

实验十三　食品中锌的测定

一、目的

学习、掌握二硫腙比色法测定食品中锌的含量。

二、原理

样品经消化后，在 pH4.0～5.5 时，锌离子与二硫腙形成紫红色络合物，溶于四氯化碳，加入硫代硫酸钠，防止铜、汞、铅、铋、银和镉等离子干扰，与标准系列比较定量。

三、仪器与试剂

1. 仪器

分光光度计。

2. 试剂

（1）乙酸钠溶液（2mol/L）　称取 68g 乙酸钠（$CH_3COONa \cdot 3H_2O$），加水溶解后稀释至 250mL。

（2）乙酸（2mol/L）　量取 10.0mL 冰醋酸，加水稀释至 85mL。

（3）乙酸-乙酸盐缓冲液　乙酸钠溶液（2mol/L）与乙酸（2mol/L）等量混合，此溶液 pH 为 4.7。用二硫腙-四氯化碳溶液（0.1g/L）提取数次，每次 10mL，除去其中的锌，至四氯化碳层绿色不变为止，弃去四氯化碳层，再用四氯化碳提取乙酸-乙酸盐缓冲液中过剩的二硫腙，至四氯化碳无色，弃去四氯化碳层。

（4）氨水（1∶1）。

（5）盐酸（2mol/L）　量取 10mL 盐酸，加水稀释至 60mL。

（6）盐酸（0.02mol/L）　吸取 1mL 盐酸（2mol/L），加水稀释至 100mL。

（7）盐酸羟胺溶液（200g/L）　称取 20g 盐酸羟胺，加 60mL 水，滴加氨水（1∶1），调节 pH 至 4.0～5.5，以下按（3）用二硫腙-四氯化碳溶液（0.1g/L）处理。

（8）硫代硫酸钠溶液（250g/L）　用乙酸（2mol/L）调节 pH 至 4.0～5.5。以下按（3）用二硫腙-四氯化碳溶液（0.1g/L）处理。

（9）二硫腙使用液　吸取 1.0mL 二硫腙-四氯化碳溶液（0.1g/L），加四氯化碳至 10mL，混匀。用 1cm 比色杯，以四氯化碳调节零点，于波长 530nm 处测吸光度（A）。用式(13-1)计算出配制 100mL 二硫腙使用液（57%透光率）所需的二硫腙-四氯化碳溶液（0.10g/L）体积（V，mL）。

$$V=\frac{10\times(2-\lg 57)}{A}=\frac{2.44}{A}$$
（13-1）

（10）锌标准溶液　准确称取 0.1000g 锌，加 10mL 盐酸（2mol/L），溶解后移入 1000mL 容量瓶中，加水稀释至刻度。此溶液每毫升相当于 100.0μg 锌。

（11）锌标准使用液　吸取 1.0mL 锌标准溶液，置于 100mL 容量瓶中，加 1mL 盐酸，以水稀释至刻度，此溶液每毫升相当于 1.0μg 锌。

（12）酚红指示液（1g/L）　称取 0.1g 酚红，用乙醇溶解至 100mL。

四、操作方法

1. 样品的消化

同实验十八铅的测定。

2. 测定

准确吸取 5～10mL 定容的消化液和相同量的试剂空白液，分别置于 125mL 分液漏斗中，加 5mL 水、0.5mL 盐酸羟胺溶液（200g/L），摇匀，再加 2 滴酚红指示液，用氨水（1∶1）调节至红色，再多加 2 滴。再加 5mL 二硫腙-四氯化碳溶液（0.1g/L），剧烈振摇 2min，静置分层。将四氯化碳层移入另一分液漏斗中，水层再用少量二硫腙-四氯化碳溶液振摇提取，每次 2～3mL，直至二硫腙-四氯化碳溶液绿色不变为止。合并提取液，用 5mL 水洗涤，四氯化碳层用盐酸（0.02mol/L）提取 2 次，取时剧烈振摇 2min，合并盐酸（0.02mol/L）提取液，并用少量四氯化碳洗去残留的二硫腙。

吸取 0、1.0mL、2.0mL、3.0mL、4.0mL、5.0mL 锌标准使用液（相当于 0、1.0μg、2.0μg、3.0μg、4.0μg、5.0μg 锌）分别置于 125mL 分液漏斗

中，各加盐酸（0.02mol/L）至20mL。于样品提取液、试剂空白提取液及锌标准溶液各分液漏斗中加10mL乙酸-乙酸盐缓冲液、1mL硫代硫酸钠溶液（250g/L），摇匀，再各加入10mL二硫腙使用液，剧烈振摇2min。静置分层后，经脱脂棉将四氯化碳层滤入1cm比色杯中，以四氯化碳调节零点，于波长530nm处测吸光度，标准各点吸收值减去零管吸收值后绘制标准曲线。

五、结果计算

$$X_2 = \frac{(m_1 - m_2) \times 1000}{m_3 \times (V_2/V_1) \times 1000}$$

$\qquad\qquad\qquad\qquad\qquad\qquad\qquad\qquad\qquad\qquad$ (13-2)

式中，X_2 为样品中锌的含量，mg/kg 或 mg/L；m_1 为测定用样品消化液中锌的质量，μg；m_2 为试剂空白液中锌的质量，μg；m_3 为样品质量（体积），g（mL）；V_1 为样品消化液的总体积，mL；V_2 为测定消化液的体积，mL。

六、思考题

1. 测定锌含量的原理是什么？
2. 实验注意事项有哪些？
3. 加入的硫代硫酸钠、盐酸羟胺等试剂的作用是什么？

参 考 文 献

[1] GB/T 5009.14—2003 食品中锌的测定.

实验十四　非固体食品和酒精饮料中的苯甲酸测定

一、目的

1. 学习、掌握非固体食品和酒精饮料中的苯甲酸测定方法和原理。
2. 复习酸碱滴定的操作要点及注意事项。

二、实验原理

于试样中加入饱和氯化钠溶液，在碱性条件下进行萃取，分离出蛋白质、脂肪等，然后酸化，用乙醚提取试样中的苯甲酸，再将乙醚蒸去，溶于中性醚醇混合液中，最后以标准碱液滴定。

三、试剂与仪器

1. 试剂

（1）纯乙醚　置乙醚于蒸馏瓶中，在水浴上蒸馏，收取 35℃ 部分的馏液。

（2）盐酸（6mol/L）。

（3）氢氧化钠溶液（100g/L）。

（4）氯化钠饱和溶液。

（5）纯氯化钠。

（6）95％中性乙醇　于 95％乙醇中加入数滴酚酞指示剂，以氢氧化钠溶液中和至微红色。

（7）中性醇醚混合液　将乙醚与乙醇按 1∶1 体积等量混合，以酚酞为指示剂，用氢氧化钠中和至微红色。

（8）酚酞指示剂（1％乙醇溶液）　溶解 1g 酚酞于 100mL 中性乙醇中。

（9）氢氧化钠标准溶液（0.05mol/L）　称取纯氢氧化钠约 3g，加入少量蒸馏水溶去表面部分，弃去这部分溶液，随即将剩余的氢氧化钠（约 2g）用经过煮沸后冷却的蒸馏水溶解并稀释至 1000mL，按下法标定其浓度。

氢氧化钠标准溶液的标定：将分析纯邻苯二甲酸氢钾于 120℃ 烘箱中烘约 1h 至恒重。冷却 25min，称取 0.4g（精确至 0.0001g）于锥形瓶中，加入 50mL 蒸馏水溶解后，加 2 滴酚酞指示剂，用上述氢氧化钠标准溶液滴定至微红色 1min 不褪为止。按下式计算氢氧化钠溶液的浓度：

$$c = \frac{m \times 1000}{V \times 204.2} \tag{14-1}$$

式中，c 为氢氧化钠溶液的浓度，mol/L；m 为邻苯二甲酸氢钾质量，g；V 为滴定时使用的氢氧化钠溶液的体积，mL；204.2 为邻苯二甲酸氢钾的摩尔质量，g/mol。

2. 仪器

碱式滴定管，300mL 烧杯，250mL 容量瓶，250mL 分液漏斗，水浴箱，吹风机，分析天平，锥形瓶。

四、实验操作

1. 样品的处理

（1）固体或半固体样品　称取经粉碎的样品 100g 置 500mL 容量瓶中，加入 300mL 蒸馏水，加入分析纯氯化钠至不溶解为止（使其饱和），然后用 100g/L 氢氧化钠溶液使其成碱性（石蕊试纸试验），摇匀，再加饱和氯化钠溶液至刻度，放置 2h（要不断振摇），过滤，弃去最初 10mL 滤液，收集滤液供测定用。

（2）含酒精的样品　吸取 250mL 样品，加入 100g/L 氢氧化钠溶液使其成碱性，置水浴上蒸发至约 100mL 时，移入 250mL 容量瓶中，加入氯化钠 30g，振摇使其溶解，再加氯化钠饱和溶液至刻度，摇匀，放置 2h（要不断振摇），过滤，取滤液供测定用。

（3）含脂肪较多的样品　经上述方法制备后，于滤液中加入氢氧化钠溶液使成碱性，加入 20～50mL 乙醚提取，振摇 3min，静置分层，溶液供测定用。

2. 提取

吸取以上制备的样品滤液 100mL，移入 250mL 分液漏斗中，加 6mol/L 盐酸至酸性（石蕊试纸试验）。再加 3mL 盐酸（6mol/L），然后依次用 40mL、30mL、30mL 纯乙醚，用旋转方法小心提取。每次摇动不少于 5min。待静置分层后，将提取液移至另一 250mL 分液漏斗中（3 次提取的乙醚层均放入这一分液漏斗中）。用蒸馏水洗涤乙醚提取液，每次 10mL，直至最后的洗液不呈酸性（石蕊试纸试验）为止。

将此乙醚提取液置于锥形瓶中，于 40～45℃水浴上回收乙醚。待乙醚只剩下少量时，停止回收，以风扇吹干剩余的乙醚。

3. 滴定

于提取液中加入 30mL 中性醇醚混合液、10mL 蒸馏水、酚酞指示剂 3 滴，以 0.05mol/L 氢氧化钠标准溶液滴至微红色为止。

五、计算

$$X_1 = \frac{V \times c \times 144.1 \times 2.5}{m \times 1000}$$

$$X_2 = \frac{V \times c \times 122.1 \times 2.5}{m \times 1000}$$

(14-2)

式中，X_1 为样品中苯甲酸钠的含量，mg/kg；X_2 为样品中苯甲酸的含量，mg/kg；V 为滴定时所消耗氢氧化钠标准溶液的体积，mL；c 为氢氧化钠标准溶液的浓度，mol/L；m 为样品的质量，g；144.1 为苯甲酸钠的摩尔质量，g/mol；122.1 为苯甲酸的摩尔质量，g/mol。

式中的 2.5 即 250mL/100mL 所得（即样品共 250mL，使用 100mL 滤液）。

六、思考题

1. 本实验有何测定意义？
2. 实验中应注意哪些问题，影响实验结果的因素有哪些？

参 考 文 献

[1]　王素芳. 快速测定饮料中的苯甲酸钠. 计量与测试技术, 1995, 02.

实验十五　糖精含量的测定

一、第一法　比色法

1. 目的

（1）了解分光光度计的使用方法。

（2）掌握糖精含量测定原理。

2. 原理

糖精在食品工业上的应用比较广泛，与人们的日常生活关系较密切。糖精学名邻苯甲酰磺酰亚胺，结构式如下：

$$\text{（结构式）}$$

糖精为白色结晶或粉末，无臭或微有酸性芳香气，味极甜。糖精在酸性情况下用氯仿或乙醚提取分离后，与酚在硫酸中于 180℃ 下加热，转化成酚磺酞，在碱性情况下生成紫红色化合物，其显色深浅与糖精含量成正比。

3. 仪器与试剂

（1）器材

① 具塞三角烧瓶：50mL。

② 具塞比色管：50mL。

③ 容量瓶：250mL。

④ 分液漏斗：125mL、250mL。

⑤ 分光光度计或光电比色计。

⑥ 电热烘箱。

（2）试剂

① 氯仿。

② 1mol/L 氢氧化钠溶液。

③ 20％氢氧化钠溶液。

④ 10％硫酸铜溶液。

⑤ 6mol/L 盐酸溶液。

⑥ 混合试剂　取浓硫酸 40mL，与溶化的纯酚 100mL 混合，在具塞三角烧瓶中保存备用。放置后变微红色不影响使用。

⑦ 糖精标准液　称取邻苯甲酰磺酰亚胺 100mg，溶于 10mL 甲醇中，移入 100mL 容量瓶中，用水稀释至刻度。取 25mL 标准液，放入分液漏斗中，加入 6mol/L 盐酸 1mL，以氯仿提取 3 次，分离氯仿，脱水，浓缩至 25mL，备用。此液 1mL 相当于糖精 1mg。

⑧ 无水硫酸钠。

⑨ 甲醇。

4. 操作方法

（1）样品处理

① 样品中含蛋白质、脂肪及其他杂质少时（如汽水、水果、冰棍等），可直接取样 25mL 或 25g；样品中只含有二氧化碳，应先放在 60～70℃ 水浴中加热除去，然后移入 250mL 容量瓶中，加水至刻度，摇匀、过滤，滤液备用。

② 取乳或乳制品 25mL（25g），移入 250mL 容量瓶中，加 10％硫酸铜溶液 10mL，滴入 1mol/L 氢氧化钠溶液至沉淀完全、上层透明为止（约用 4.4mL），加水稀释、振摇，再加水至刻度摇匀，过滤，滤液备用。

③ 称取固体或半固体物 25g 切碎或研碎，置烧杯中，加水 100mL，加 1mol/L 氢氧化钠溶液至完全沉淀，加水至刻度，摇匀、过滤，滤液备用。

④ 含有酒精的饮料：取 50mL，在水浴上蒸发，除去酒精，移入 250mL 容量瓶中，按上法处理。

（2）步骤

① 取样液 25mL，于分液漏斗中加 6mol/L 盐酸 1～2mL，使呈酸性，用氯仿 30mL、20mL、20mL 分次提取，每次振摇 1min，通过有固体硫酸钠的漏斗过滤，除去水分。用氯仿冲洗漏斗，合并滤液，在低温下回收氯仿。

② 用少量氯仿溶解残渣，移入 50mL 具塞三角烧瓶中，水浴挥发氯仿，再置于 105℃ 烘箱烘干 15min，然后加入熔化的混合试剂 2.5mL，盖上盖（如用不具塞三角烧瓶，可在瓶口上盖一铝箔），摇至残渣溶解。将三角烧瓶置 180℃ 烘箱，加热 1.5h。

（3）标准曲线的绘制　取 0.0、0.05mL、0.10mL、0.20mL、0.30mL、0.50mL 标准溶液（1mL 相当于 1mg 糖精），分别于 50mL 具塞三角烧瓶水浴挥发溶剂，加入熔化的混合试剂 2.5mL，盖上盖（如用不具塞的三角烧瓶，可在瓶口上盖一铝箔），摇至残渣溶解。将三角烧瓶置180℃烘箱，加热1.5h。

取出样品及标准三角烧瓶，待冷至100℃以下，加20mL左右热蒸馏水，溶解、摇匀，加20％氢氧化钠7mL，摇匀，移入50mL比色管中，加水至刻度。显色20min后，将样品管与标准系列比色，或用分光光度计1cm比色杯，在557nm波长下比色，分别测其光密度，并绘制标准曲线。从曲线表查出相应的糖精含量。

5. 结果计算

$$糖精含量（\%）=\frac{V\times0.001\times100}{\dfrac{w\times25}{250}}$$

$$糖精钠含量（\%）=\frac{V\times0.001317\times100}{\dfrac{w\times25}{250}} \tag{15-1}$$

式中，V为吸光度值从标准曲线查得的相当于标准液的体积，mL；w为样品数量。

6. 思考题

（1）糖精含量的测定原理是什么？

（2）测定糖精含量的方法还有哪些？

参 考 文 献

[1] 高惟勤等. 食品中糖精含量的测定——酚磺酞比色法. 山西医药杂志，1981，01.

二、第二法 HPLC法

1. 目的

（1）了解液相色谱的使用及注意事项。

（2）掌握糖精钠含量的测定原理。

2. 原理

因糖精钠具有水溶性的特点，因此样本溶于水后可经微孔滤膜过滤后直接进样，反相色谱法分离，紫外检测器检测，外标法进行定性、定量。

3. 仪器与试剂

（1）仪器　高压液相色谱仪，积分仪或记录仪，离心机（2000r/min），分析天平，容量瓶（100mL、1000mL），小烧杯，离心管，微孔滤膜（0.45μm）。

（2）试剂

① 果汁、饮料。

② 甲醇、醋酸铵、糖精钠标准（均为分析纯）。

③ 0.02mol/L 醋酸铵溶液　称取醋酸铵 1.54g，加水 950mL 溶解后，以醋酸调节 pH 至 4 后，定容至 1000mL，微孔滤膜（0.45μm）过滤。

④ 糖精钠标准溶液　准确称取 0.851g 经 120℃ 干燥 4h 的糖精钠，溶于蒸馏水中，并移入 100mL 容量瓶中，加水至刻度，混匀。此溶液每 1mL 相当于糖精钠（$C_7H_4NaSO_3 \cdot 2H_2O$）1mg。取上述溶液 5.0mL，置 50mL 容量瓶中，以水稀释至刻度，摇匀。此溶液每毫升相当于糖精钠 0.1mg。

4. 操作方法

（1）样品处理

汽水、可乐型饮料：取均匀试样置于小烧杯中，微温除去二氧化碳，经双层滤膜（0.45μm）过滤后供进样用。

果汁类：取均匀试样置离心管中，离心沉淀 20min，上清液经双层滤膜过滤后供进样用。

（2）色谱条件

色谱柱：Zorbax-ODS　4.6mm×250mm；

流动相：甲醇：0.02mol/L 醋酸铵（pH 4）为 25：75；

检测器：紫外 220nm；

流速：1.0mL/min；

柱温：40℃；

灵敏度：0.08 AUFS；

纸速：0.5cm/min；

进样量：10μL。

5. 结果计算

根据保留时间定性，根据标样及样品的峰面积积分值定量。

6. 注意事项

（1）样品进样前先混匀，再用 0.45μm 滤膜过滤，混匀后进样。

（2）对照品与样品进样量要尽量保持一致，样品峰面积与对照品峰面积尽量保持一致（不要超过一倍，可适当调整进样量或稀释倍数）。

（3）进样针每次改进不同样品或对照品时，需用色谱甲醇涮洗 5 次以上，涮洗位置要超过进样量位置。

（4）注意机器异常情况的发生（声音），压力是否过高（超过 200bar❶ 不可再做实验），流动相是否流空、废液瓶是否已满等。

---

❶ 1bar＝10^5Pa。

（5）实验完毕后，可用甲醇冲洗 1h，如果流动相中含有酸或缓冲盐，则先用新鲜纯水冲洗 0.5h，再用甲醇冲洗 1h。

7. 思考题

（1）液相色谱的结构由几部分组成？

（2）HPLC 的工作原理是什么？

参 考 文 献

[1] GB/T 23495—2009 食品中苯甲酸、山梨酸和糖精钠的测定.

实验十六 食品中亚硝酸盐测定

一、目的

（1）学习、掌握格里斯试剂比色法测定亚硝酸盐的方法。

（2）明确亚硝酸盐的测定与控制成品质量的关系。

二、原理

采用格里斯试剂比色法测定亚硝酸盐，即在弱碱性条件下用热水从样品中提取亚硝酸离子，然后用亚铁氰化钾和乙酸锌沉淀蛋白质，再去除脂肪，在弱酸条件下，亚硝酸盐与对氨基苯磺酸重氮化后，再与盐酸萘乙二胺偶合成紫红色染料，与标准系列比较定量。

三、试剂和仪器

1. 试剂

（1）亚铁氰化钾溶液　称取 106.0g 亚铁氰化钾 $[K_4Fe(CN)_6 \cdot 3H_2O]$，用水溶解，并稀释至 1000mL。

（2）乙酸锌溶液　称取 220.0g 乙酸锌 $[Zn(CH_3COO)_2 \cdot 2H_2O]$，加 30mL 冰醋酸，溶于水中，并稀释至 1000mL。

（3）饱和硼砂溶液　称取 5.0g 硼酸钠（$Na_2B_4O_7 \cdot 10H_2O$），溶于 100mL 热水中，冷却备用。

（4）对氨基苯磺酸溶液（4g/L）　称取 0.4g 对氨基苯磺酸，溶于 100mL 20%盐酸中，置于棕色瓶中混匀，避光保存。

（5）盐酸萘乙二胺溶液（2g/L）　称取 0.2g 盐酸萘乙二胺，溶解于 100mL 水中，混匀，置棕色瓶中，避光保存。

（6）亚硝酸钠标准溶液 准确称取 0.1000g 于硅胶干燥器中干燥 24h 的亚硝酸钠，加水溶解，移入 500mL 容量瓶中，加水稀释至刻度，混匀。此溶液每毫升相当于 200μg 亚硝酸钠。

（7）亚硝酸钠标准使用液 临用前，吸取亚硝酸钠标准溶液 5.00mL 置于 200mL 容量瓶中，加水稀释至刻度。此溶液每毫升相当于 5.0μg 亚硝酸钠。

2. 仪器

（1）小型绞肉机。

（2）分光光度计。

四、分析步骤

1. 试样处理

称取 5.0g 经绞碎混匀的试样，置于 50mL 烧杯中，加 12.5mL 硼砂饱和溶液，搅拌均匀，以 70℃ 左右的热水约 300mL 将试样洗入 500mL 容量瓶中，于沸水浴中加热 15min，取出后冷却至室温，然后一面转动一面加入 5mL 亚铁氰化钾溶液，摇匀，再加入 5mL 乙酸锌溶液，以沉淀蛋白质。加水至刻度，摇匀，放置 30min，除去上层脂肪，清液用滤纸过滤，弃去初滤液 30mL，滤液备用。

2. 测定

吸取 40.0mL 上述滤液于 50mL 具塞比色管中，另吸取 0.00、0.20mL、0.40mL、0.60mL、0.80mL、1.00mL、1.50mL、2.00mL、2.50mL 亚硝酸钠标准使用液（相当于 0、1μg、2μg、3μg、4μg、5μg、7.5μg、10μg、12.5μg 亚硝酸钠），分别置于 50mL 具塞比色管中。于标准管与试样管中分别加入 2mL 对氨基苯磺酸溶液（4g/L），混匀，静置 3～5min 后各加入 1mL 盐酸萘乙二胺溶液（2g/L），加水至刻度，混匀，静置 15min，用 2cm 比色杯，以零管调节零点，于波长 538nm 处测吸光度，绘制标准曲线，将试样溶液吸光度与标准比较，同时做试剂空白对照试验。

五、结果计算

试样中亚硝酸盐的含量按下式计算。

$$x = \frac{m_1 \times 1000}{m \times \dfrac{V_1}{V_2} \times 1000} \tag{16-1}$$

式中，x 为试样中亚硝酸盐的含量，mg/kg；m 为试样质量，g；m_1 为测定用样液中亚硝酸盐的含量，μg；V_1 为测定用样液体积，mL；V_2 为试样处理液总体积，mL。

计算结果保留两位有效数字。

六、说明及注意事项

（1）样品溶液中加入硫酸锌和氢氧化钠溶液，生成的氢氧化锌沉淀可挟走蛋白质，促使样液澄清。

（2）盐酸萘乙二胺有致癌作用，使用时应注意安全。

（3）一般肉制品都有一定的空白值，即肉空白。在测定亚硝酸盐含量低的样品时，尤其注意肉空白的影响。

七、思考题

（1）我国食品中亚硝酸盐含量国标规定是多少？

（2）亚硝酸盐对人体有哪些危害？

参 考 文 献

[1] 吴广臣. 食品质量检验. 北京：中国计量出版社，2008.

[2] 陈晓平等. 食品理化检验. 北京：中国计量出版社，2008.

[3] 刘杰. 食品分析实验. 北京：化学工业出版社，2009.

实验十七　食品中总砷的测定（氢化物原子荧光光度法）

一、目的

（1）掌握用氢化物原子荧光光度法测定食品中砷含量的方法和原理。

（2）学习使用原子荧光光度计。

二、原理

食品试样经湿消解或干灰化后，加入硫脲使五价砷预还原为三价砷，再加入硼氢化钠或硼氢化钾使还原生成砷化氢，由氢气载入石英原子化器中分解为原子态砷，在特制砷空心阴极灯的发射光激发下产生原子荧光，其荧光强度在固定条件下与被测液中的砷浓度成正比，与标准系列比较定量。

三、试剂

（1）氢氧化钠溶液（2g/L）。

（2）硼氢化钠（NaBH$_4$）溶液（10g/L）　称取硼氢化钠10.0g，溶于2g/L氢氧化钠溶液1000mL中，混匀。此液于冰箱可保存10天，取出后应当日使用（也可称取14g硼氢化钾代替10g硼氢化钠）。

（3）硫脲溶液（50g/L）。

（4）硫酸溶液（1∶9）　量取硫酸100mL，小心倒入水900mL中，混匀。

（5）氢氧化钠溶液（100g/L）。

（6）砷标准溶液

① 砷标准储备液　含砷0.1mg/mL。精确称取于100℃干燥2h以上的三氧化二砷（As$_2$O$_3$）0.1320g，加100g/L氢氧化钠10mL溶解，用适量水转入1000mL容量瓶中，加（1∶9）硫酸25mL，用水定容至刻度。

② 砷使用标准液　含砷1μg/mL。吸取1.00mL砷标准储备液于100mL

容量瓶中，用水稀释至刻度。此液应当日配制使用。

（7）湿消解试剂　硝酸、硫酸、高氯酸。

（8）干灰化试剂　六水硝酸镁（150g/L）、氯化镁。

（9）盐酸（1∶1）　量取盐酸 100mL，加入 100mL 水中，混匀。

四、仪器

原子荧光光度计。

五、分析步骤

1. 试样消解

（1）湿消解　固体试样称样 1～2.5g，液体试样称样 5～10g（或 mL）（精确至小数点后第 2 位），置入 50～100mL 锥形瓶中，同时做两份试剂空白。加硝酸 20～40mL、硫酸 1.25mL，摇匀后放置过夜，置于电热板上加热消解。若消解液处理至 10mL 左右时仍有未分解物质或色泽变深，取下放冷，补加硝酸 5～10mL，再消解至 10mL 左右观察，如此反复两三次，注意避免炭化。如仍不能消解完全，则加入高氯酸 1～2mL，继续加热至消解完全后，再持续蒸发至高氯酸的白烟散尽、硫酸的白烟开始冒出。冷却，加水 25mL，再蒸发至冒硫酸白烟。冷却，用水将内容物转入 25mL 容量瓶或比色管中，加入 50g/L 硫脲 2.5mL，补水至刻度并混匀，备测。

（2）干灰化　一般应用于固体试样。称取 1.0～2.5g 于 50～100mL 坩埚，同时做两份试剂空白。加 150g/L 硝酸镁 10mL 混匀，低热蒸干，将氧化镁 1g 仔细覆盖在干渣上，于电炉上炭化至无黑烟，移入 550℃高温炉灰化 4h。取出放冷，小心加入（1∶1）盐酸 10mL 以中和氧化镁并溶解灰分，转入 25mL 容量瓶或比色管中，向容量瓶或比色管中加入 50g/L 硫脲 2.5mL，另用硫酸（1∶9）分次涮洗坩埚后转出合并，直至 25mL 刻度，混匀备测。

2. 标准曲线制备

取 25mL 容量瓶或比色管 6 支，依次准确加入 1μg/mL 砷使用标准液 0、0.05mL、0.2mL、0.5mL、2.0mL、5.0mL（各相当于砷浓度 0、2.0μg/L、8.0μg/L、20.0μg/L、80.0μg/L、200.0μg/L），各加硫酸（1∶9）12.5mL、50g/L 硫脲 2.5mL，补加水至刻度，混匀备测。

3. 测定

仪器参考条件如下述。

光电倍增管电压：400V；砷空心阴极灯电流：35mA；原子化器：温度

820～850℃；高度 7mm；氮气流速：载气 600mL/min；测量方式：荧光强度或浓度直读；读数方式：峰面积；读数延迟时间：1s；读数时间：15s；硼氢化钠溶液加入时间：5s，标液或样液加入体积：2mL。

六、结果计算

根据回归方程求出试剂空白液和试样被测液的砷浓度，再按式（17-1）计算试样的砷含量：

$$X = \frac{C_1 - C_2}{m} \times \frac{25}{1000} \tag{17-1}$$

式中，X 为试样的砷含量，mg/kg 或 mg/L；C_1 为试样被测液的浓度，ng/mL；C_2 为试剂空白液的浓度，ng/mL；m 为试样的质量或体积，g 或 mL。

七、思考题

（1）食品中总砷的测定主要有哪些方法？
（2）原子荧光光度法的基本原理是什么？

参 考 文 献

[1] GB/T 5009.11—2003 食品中总砷及无机砷的测定.

实验十八 食品中铅的测定

一、第一法 石墨炉原子吸收光谱法

1. 目的

掌握原子吸收法测定食品中铅的原理和方法。

2. 原理

试样经灰化或酸消解后，注入原子吸收分光光度计石墨炉中，电热原子化后吸收283.3nm共振线，在一定浓度范围，其吸收值与铅含量成正比，与标准系列比较定量。

3. 试剂和仪器

（1）试剂

① 过硫酸铵。

② 过氧化氢（30%）。

③ 硝酸（1∶1） 取50mL硝酸慢慢加入50mL水中。

④ 硝酸0.5mol/L 取3.2mL硝酸加入50mL水中，稀释至100mL。

⑤ 硝酸1mol/L 取6.4mL硝酸加入50mL水中，稀释至100mL。

⑥ 磷酸铵溶液（20g/L） 称取2.0g磷酸铵以水溶解稀释至100mL。

⑦ 混合酸 硝酸＋高氯酸（4∶1），取4份硝酸与1份高氯酸混合。

⑧ 铅标准储备液 准确称取1.000g金属铅（99.99%），分次加少量硝酸（1∶1），加热溶解，总量不超过37mL，移入1000mL容量瓶中，加水至刻度，混匀。此溶液每毫升含1.0mg铅。

⑨ 铅标准使用液 分别吸取铅标准储备液1.0mL于100mL容量瓶中，加硝酸（0.5mol/L）至刻度，获得10μg/mL的标准溶液；吸取上述10μg/mL的铅标准溶液10.0mL于100mL容量瓶中，加硝酸（0.5mol/L）至刻度，获得1μg/mL的铅标准溶液。分别移取1μg/mL的铅标准溶液1.0mL、2.0mL、4.0mL、6.0mL、

8.0mL 于 5 个 100mL 容量瓶中，加硝酸（0.5mol/L）至刻度，稀释成每毫升含 10.0ng、20.0ng、40.0ng、60.0ng、80.0ng 铅的标准使用液。

（2）仪器

① 所用玻璃仪器均需以硝酸（1∶5）浸泡过夜，用水反复冲洗，最后用去离子水冲洗干净备用。

② 原子吸收分光光度计（附石墨炉及铅空心阴极灯）。

③ 马弗炉。

④ 恒温干燥箱。

⑤ 瓷坩埚。

⑥ 压力消解器、压力消解罐或压力溶弹。

⑦ 可调式电热板或可调式电炉。

4. 操作步骤

（1）试样预处理　粮食、豆类去杂物后，磨碎，过 20 目筛，储于塑料瓶中备用；蔬菜、水果、鱼类、肉类及蛋类等水分含量高的鲜样，打成匀浆，储于塑料瓶中备用。

（2）试样消解（可根据实验室条件选用以下任何一种方法）

① 压力消解罐消解法　称取 1.00～2.00g 试样（干样、含脂肪高的试样小于 1.00g，鲜样小于 2.0g 或按压力消解罐使用说明书称取试样）于聚四氟乙烯内罐，加硝酸 2～4mL 浸泡过夜。再加过氧化氢（30%）2～3mL（总量不能超过罐容积的三分之一）。盖好内盖，旋紧不锈钢外套，放入恒温干燥箱 120～140℃保持 3～4h，在箱内自然冷却至室温，用滴管将消化液洗入或滤入（视消化后试样的盐分而定）10～25mL 容量瓶中，用少量水多次洗涤消解罐，洗液合并于容量瓶中并定容至刻度，混匀备用。同时作试剂空白。

② 过硫酸铵灰化法　称取 1.00～5.00g（根据铅含量而定）试样于瓷坩埚中，先小火在可调式电热板上炭化至无烟，移入马弗炉中 500℃炭化 6～8h 时，冷却。若个别试样灰化不彻底，则加 1mL 混合酸在可调式电炉上小火加热，反复多次直到灰化完全，放冷，用硝酸（0.5mol/L）将灰分溶解，用滴管将试样消化液洗入或滤入（视消化后试样的盐分而定）10～25mL 容量瓶中，用少量水多次洗涤瓷坩埚，洗液合并于容量瓶中并定容至刻度，混匀备用。同时作试剂空白。

③ 湿式消解法　称取试样 1.00～5.00g 于锥形瓶中，放数粒玻璃珠，加 10mL 混合酸，加盖浸泡过夜，于锥形瓶上加一小漏斗，电炉上消解，若样品变棕黑，再加混合酸，直至冒白烟，消化液呈无色透明或略带黄色，放冷用滴管将试样消化液洗入或滤入（视消化后试样的盐分而定）10～25mL 容量瓶中，用水少量多次洗涤锥形瓶，洗液合并于容量瓶中并定容至刻度，混匀备用。同时作试剂空白。

（3）测定

① 仪器条件　根据各自仪器性能调至最佳状态。参考条件为波长283.3nm（空心阴极灯提供），狭缝 0.2～1.0nm，灯电流 5～7mA，干燥温度120℃，20s；灰化温度 450℃，持续 15～20s；原子化温度 1700～2300℃，持续 4～5s，背景校正为氘灯或赛曼效应。

② 标准曲线绘制　吸取上面配置的铅标准使用液 10.0ng/mL、20.0ng/mL、40.0ng/mL、60.0ng/mL、80.0ng/mL（或 μg/mL）各 10μL，注入石墨炉，测得其吸光值，以吸光值作纵坐标、铅标准使用液浓度为横坐标作标准曲线和回归方程。

③ 试样测定　分别吸取样液和试剂空白液各 10μL，注入石墨炉，测得其吸光值代入标准曲线回归方程求得样液中的铅含量。

5. 结果计算

试样中铅含量按下式计算：

$$X = \frac{(C_1 - C_0) \times V \times 1000}{m \times 1000} \tag{18-1}$$

式中，X 为试样中的铅含量，μg/kg 或 μg/L；C_1 为测定样液中的铅含量，ng/mL；C_0 为空白液中的铅含量，ng/mL；V 为试样消化液定量总体积，mL；m 为试样质量或体积，g 或 mL。

计算结果保留两位有效数字。

说明：对于干扰试样，则注入适量的基体改进剂磷酸二氢铵溶液（20g/L）5μL 或与试样同量，清除干扰。在铅标准溶液中也要加入与试样测定时等量的基体改进剂磷酸二氢铵溶液。

二、第二法　氢化物原子荧光光谱法

1. 原理

试样经酸消化后，在酸性介质中，试样中的铅与硼氢化钠（NaBH$_4$）或硼氢化钾（KBH$_4$）反应生成挥发性的铅氢化物（PbH$_4$），以氩气为载气，将氢化物导入电热石英原子化器中原子化，在铅空心阴极灯照射下，基态铅原子被激发至高能态；在去活化回到基态时，发射出特征波长的荧光，其荧光强度与铅含量成正比，根据标准系列进行定量。

2. 试剂

（1）硝酸-高氯酸（4∶1）混合酸　分别量取硝酸 400mL、高氯酸100mL，混匀。

（2）盐酸溶液（1∶1）　量取 250mL 盐酸倒入 250mL 水中，混匀。

（3）草酸溶液（10g/L）　称取 1.0g 草酸，加水溶解至 100mL，混匀。

（4）铁氰化钾［$K_3Fe(CN)_6$］溶液（100g/L） 称取 10.0g 铁氰化钾，加水溶解并稀释至 100mL，混匀。

（5）氢氧化钠溶液（2g/L） 称取 2.0g 氢氧化钠溶于 1L 水中，混匀。

（6）硼氢化钠［$NaBH_4$］溶液（10g/L） 称取 5.0g 硼氢化钠溶于 500mL 氢氧化钠溶液（2g/L）中，混匀。用前现配。

（7）铅标准储备液（1.0mg/mL） 由国家标准物质研究中心提供。

（8）铅标准应用液（1.0μg/mL） 精确吸取铅标准储备液（1.0mg/mL），逐级稀释至 1.0μg/mL。

3. 仪器

原子荧光光度计，电热板。

4. 步骤

（1）试样消化

湿消解：称取固体试样 0.20～2.00g、液体试样 2.00～10.00g（或 mL）于锥形瓶中，放数粒玻璃珠，加 5～10mL 硝酸-高氯酸（4:1）混合酸摇匀浸泡，放置过夜。次日置于电热板上加热消解，至消化液呈淡黄色或无色（如消解过程色泽较深，稍冷补加少量硝酸，继续消解），稍冷加入 20mL 水再继续加热赶酸，至消解液为 0.5～1.0mL 止。冷却后用少量水转入 25mL 容量瓶中，并加入盐酸（1:1）0.5mL、草酸溶液（10g/L）0.5mL，摇匀再加入铁氰化钾溶液（100g/L）1.0mL，用水准确稀释定容至 25mL，摇匀放置 30min 后测定。同时作试剂空白。

（2）标准系列制备 取 25mL 容量瓶 7 支，依次准确加入铅标准应用液（1.00μg/mL）0.00、0.125mL、0.25mL、0.50mL、0.75mL、1.00mL、1.25mL（各相当于铅浓度 0.0、5.0ng/mL、10.0ng/mL、20.0ng/mL、30.0ng/mL、40.0ng/mL、50.0ng/mL），用少量的水稀释后加入盐酸（1:1）0.5mL、草酸（10g/L）0.5mL 摇匀，再加入铁氰化钾溶液（100g/L）1.0mL，用水稀释至刻度摇匀。放置 30min 后待测。

（3）测定

① 仪器参考条件 负高压：323V，铅空心阴极灯电流：75mA；原子化器：炉温 750～800℃，炉高：8mm；氩气流速：载气 800mL/min；屏蔽气 1000mL/min；加还原剂时间：7.0s；读数时间：15s；延迟时间：0.0s；测量方式：标准曲线法；读数方式：峰面积；进样体积：2.0mL。

② 浓度测量方式 设定好仪器的最佳条件，逐步将炉温升至所需温度，稳定 10～20min 后开始测量，连续用标准系列的零管进样，待读数稳定之后，转入标准系列测量，绘制标准曲线；转入试样测量，分别测定试样空白和试样

消化液。测定不同的试样前都应清洗进样器。

③ 仪器自动计算结果测量方式 设定好仪器的最佳条件，在试样参数画面输入以下参数：试样质量或体积（g 或 mL），稀释体积（mL），并选择结果的浓度单位，逐步将炉温升至所需温度，稳定后测量，连续用标准系列的零管进样，待读数稳定后，转入标准系列的测量，绘制标准曲线，在转入试样的测量之前，先进入空白值测量状态，用试样空白消化液进样，让仪器取其均值作为扣除的空白值，随后即可依次测定试样溶液，测定完毕后，选择打印报告，即可将测定结果自动打印。

5. 计算结果

试样中铅含量按下式计算：

$$X = \frac{(C - C_0) \times V \times 1000}{m \times 1000 \times 1000}$$

(18-2)

式中，X 为试样中铅含量，mg/kg 或 mg/L；C 为试样消化液测定浓度，ng/mL；C_0 为试剂空白液测定浓度，ng/mL；V 为试样消化液总体积，mL；m 为试样质量或体积，g 或 mL。

计算结果保留三位有效数字。

6. 思考题

测定食品中铅的含量时，如何消除样品的背景干扰？

参 考 文 献

[1] 侯曼玲. 食品分析. 北京：化学工业出版社，2004.

实验十九　叶绿素含量的测定

一、目的

（1）熟练 721 分光光度计的使用方法。

（2）学会浸提、过滤等基本操作要点。

（3）掌握叶绿素含量测定原理。

二、原理

叶绿素的分子结构是由四个吡咯环组成的一个卟啉环，此外还有一个叶绿醇的侧链。分子具有共轭结构，可吸收光能。叶绿素是脂类化合物，可溶于丙酮、石油醚、己烷等有机溶剂中，用有机溶剂提取的叶绿素可在一定波长下测定叶绿素溶液的吸光值，利用 Arnon 公式计算叶绿素含量。

三、仪器与试剂

1. 仪器

721 分光光度计（UV120 紫外可见分光光度计），天平，具塞刻度试管（15mL），研钵，漏斗，滴管，滤纸，试管架。

2. 试剂

菠菜叶片，丙酮，$CaCO_3$。

四、操作方法

样品处理及测定：准确称取洗净、擦干（去叶片中脉）的菠菜叶片 1.00g，于研钵中加少许 $CaCO_3$ 研磨成匀浆，用 80% 丙酮浸提，将上清液过滤（滤纸先用 80％丙酮湿润），用滴管吸取 80％丙酮分次把研钵中的叶绿素浸提液和残渣洗净，然后再用丙酮逐滴把滤纸上的叶绿素溶液洗净转移到具塞刻度试管，定容到 15mL，于 721 分光光度计 652nm 波长处测定吸光值，如需测定叶绿素 a 和叶绿素 b 的含量，可于 663nm 和 645nm 波长处分别测定其吸光值。

五、结果计算

$$A = \frac{OD_{652}}{34.5 \times W} \times 稀释倍数 \times 100 \qquad (19\text{-}1)$$

式中，A 为叶绿素含量，mg/100g；W 为样品重，g；34.5 为叶绿素 a 和叶绿素 b 在 652nm 波长处的比吸收系数。

$$C_a = 0.0127 \times OD_{663} - 0.00269 \times OD_{645}$$
$$C_b = 0.0229 \times OD_{645} - 0.00468 \times OD_{663} \qquad (19\text{-}2)$$

式中，C_a、C_b 分别代表叶绿素 a 和叶绿素 b 的含量，mg/mL。

六、注意事项

叶绿素是一种极不稳定的化合物，它能被活细胞中的叶绿素酶水解，脱去叶醇基，转变为叶绿酸。光照和高温都会使叶绿素发生氧化和分解，因此在分离提取叶绿素的过程中，必须注意控制这些因素，尽可能在低温和弱光下进行，并注意缩短试验时间，以防止叶绿素的破坏。

七、思考题

(1) 说明叶绿素的结构特征及其理化性质。
(2) 叶绿素的测定原理是什么？

参 考 文 献

[1] 徐芬芬等. 小白菜叶绿素含量的测定方法比较. 研究简报，2010，23：32-34.
[2] 陈小龙等. 水稻不同生育期叶绿素含量的测定及其相关性分析. 现代农业科技，2010，17：42-44.

实验二十　食品中汞的测定

一、第一法　冷原子吸收光谱法

1. 目的

（1）初步掌握用冷原子吸收法测总汞的方法，了解测汞仪的使用方法。

（2）学习原子荧光光度法测定食品中汞的方法，了解原子荧光光度计的使用方法。

2. 原理

样品经过硝酸-硫酸、硝酸-硫酸-五氧化二钒或硝酸-过氧化氢高压消解，使样品中的汞转为离子状态，在强酸性条件下以氯化亚锡为还原剂，将离子状态的汞定量地还原为汞原子，在常温下易蒸发为汞原子蒸气，以氮气或干燥清洁空气为载气，将汞吹出。汞原子对波长 253.7nm 的共振线具有强烈的吸收作用，在一定浓度范围其吸收值的大小与汞原子浓度符合比尔定律，与标准系列比较定量。该方法适用于各类食品中总汞的测定。

3. 试剂和仪器

（1）试剂　除特别注明外，本方法所用试剂均为分析纯试剂，水均为去离子水。玻璃对汞有吸附作用，因此测汞所用一切器皿需用硝酸溶液（1∶3）浸泡，洗净后备用。

① 硝酸（优级纯）。

② 硫酸（优级纯）。

③ 30％过氧化氢。

④ 300g/L 氯化亚锡溶液　称取 30g 氯化亚锡（$SnCl_2 \cdot 2H_2O$），加少量水，再加 2mL 硫酸使溶解后，加水稀释至 100mL，放置冰箱保存。

⑤ 变色硅胶　干燥用。

⑥ 硫酸＋硝酸＋水混合酸液（1∶1∶8）　量取 10mL 硫酸，再加入 10mL

硝酸,慢慢倒入 80mL 水中,混匀后冷却。

⑦ 五氧化二钒。

⑧ 50g/L 高锰酸钾溶液　配好后煮沸 10min,静置过夜,过滤,贮于棕色瓶中。

⑨ 200g/L 盐酸羟胺溶液　称取 20g 盐酸羟胺,加水溶解至 50mL,加 2 滴酚红指示液,加氨水 (1:1),调 pH 至 8.5～9.0 (由黄变红,再多加 2 滴),用二硫腙-三氯甲烷溶液提取至三氯甲烷层绿色不变为止,再用三氯甲烷洗 2 次,弃去三氯甲烷层,水层加盐酸 (1:1) 呈酸性,加水至 100mL。

⑩ 汞标准贮备溶液　精密称取 0.1354g 于干燥器干燥过的二氯化汞,加混合酸 (1:1:8) 溶解后移入 100mL 容量瓶中,并稀释至刻度,混匀,此溶液每毫升相当于 1mg 汞。

为了避免在配制稀汞标准溶液时玻璃对汞的吸附,最好先在容量瓶内加进部分底液,再加入汞贮备液。

为保证汞贮备液的稳定性,通常在溶液中加少量重铬酸钾。配制方法为:取 0.5g 重铬酸钾,用水溶解,加 50mL 优级纯硝酸,加水至 1L。用此保存液来配制汞标准贮备溶液 (1mL 含 $10\mu g$ 汞) 可保存 2 年不变,若配制汞标准应用液 (1mL 含 $0.1\mu g$ 汞),置于冰箱中保存 10 天不变。

⑪ 汞标准使用液　吸取 1.0mL 汞标准贮备溶液,置于 100mL 容量瓶中,加混合酸 (1:1:8) 稀释至刻度,此溶液每毫升相当于 $10\mu g$ 汞。再吸取此液 1.0mL,置于 100mL 容量瓶中,加混合酸 (1:1:8) 稀释至刻度,此溶液每毫升相当于 $0.1\mu g$ 汞,临用时现配。

(2) 仪器

① 消化装置。

② 压力消解器 (或压力消解罐或压力溶弹) 100mL 容量。

③ 微波消解装置。

④ 测汞仪。

⑤ 汞蒸气发生器或 25mL 布氏吸收管代替。

4. 操作方法

实验前先做试剂空白实验,检查所用试剂、实验用水及器皿是否符合要求。如空白值过高,实验用水、试剂须提高纯度,器皿再次清洗,必要时用稀硝酸煮沸热洗。

(1) 样品消化

① 回流消化法

a. 粮食或水分少的食品　称取 10.00g 样品,置于消化装置的锥形瓶中,加玻璃珠数粒,加 45mL 硝酸、10mL 硫酸,转动锥形瓶,防止局部炭化。装上冷凝管后，小火加热，待开始发泡即停止加热，发泡停止后，加热回流 2h。如加热过程中溶液变棕色，再加 5mL 硝酸，继续回流 2h，放冷后从冷凝管上端小心加 20mL 水，继续加热回流 10min，放冷，用适量水冲洗冷凝管，洗液并入消化液中，将消化液经玻璃棉过滤于 100mL 容量瓶内，用少量水洗锥形瓶、滤器，洗液并入容量瓶内，加水至刻度，混匀。取与消化样品相同量的硝酸、硫酸，按同一方法做试剂空白，待测。

b. 植物油及动物油脂　称取 5.0g 样品，置于消化装置的锥形瓶中，加玻璃珠数粒，加入 7mL 硫酸，小心混匀至溶液颜色变为棕色，然后加 40mL 硝酸，装上冷凝管，以下按 a. 自"小火加热"起依法操作。含油脂较多的食品消化时易发泡外溅，可在消化前在样品中先加少量硫酸，变成棕色（轻微炭化），然后加硝酸可减轻发泡外溅现象，但避免严重炭化。

c. 薯类、豆制品　称取 20.0g 捣碎混匀的样品（薯类须预先洗净晾干），置于消化装置的锥形瓶中，加玻璃珠数粒及 30mL 硝酸、5mL 硫酸，转动锥形瓶，防止局部炭化。装上冷凝管后，以下按 a. 自"小火加热"起依法操作。

d. 肉、蛋类　称取 10.00g 捣碎混匀的样品，置于消化装置锥形瓶中，加玻璃珠数粒及 30mL 硝酸、5mL 硫酸，转动锥形瓶，防止局部炭化。装上冷凝管后，以下按 a. 自"小火加热"起依法操作。

e. 牛乳及乳制品　称取 20.00g 牛乳或酸牛乳，或相当于 20.00g 牛乳的乳制品（2.4g 全脂乳粉、8g 甜炼乳、5g 淡炼乳），置于消化装置的锥形瓶中，加玻璃珠数粒及 30mL 硝酸，牛乳或酸牛乳加 10mL 硫酸，乳制品加 5mL 硫酸，转动锥形瓶，防止局部炭化。装上冷凝管后，以下按 a. 自"小火加热"起依法操作。

在消化过程中，由于残余在消化液中的氮氧化物对测定有严重干扰，使结果偏高。尤其是硝酸-硫酸回流法，硝酸用量大，消化后需加水继续加热回流 10min，使剩余二氧化氮排出，消解液趁热进行吹气驱赶液面上的氮氧化物，冷却后滤去样品中蜡质等不易消化物质，避免干扰。

② 五氧化二钒消化法　本法适用于水产品、蔬菜、水果中总汞的测定。

取可食部分，洗净，晾干，切碎，混匀。取 2.50g 水产品或 10.00g 蔬菜、水果，置于 50～100mL 锥形瓶中，加 50mg 五氧化二钒粉末，再加 8mL 硝酸，振摇，放置 4h，加 5mL 硫酸，混匀，然后移至 140℃ 砂浴上加热，开始作用较猛烈，以后渐渐缓慢，待瓶口基本上无棕色气体逸出时，用少量水清洗瓶口，再加热 5min，放冷，加 5mL 50g/L 高锰酸钾溶液，放置 4h（或过夜），滴加 200g/L 盐酸羟胺溶液使紫色褪去，振摇，放置数分钟，移入容量瓶，并稀释至刻度。蔬菜、水果定容到 25mL，水产品定容到 100mL。待测。

取与消化样品相同量的五氧化二钒、硝酸、硫酸，按同一方法作试剂空白。

③ 高压消解法 本方法适用于粮食、豆类、蔬菜、水果、瘦肉类、鱼类、蛋类及乳与乳制品类食品中总汞的测定。

a. 粮食及豆类等干样 称取 1.00g 经粉碎混合均匀后过 40 目筛孔的样品，置于聚四氟乙烯塑料内罐内，加 5mL 硝酸放置过夜，再加 3mL 过氧化氢，盖上内盖放入不锈钢外套中，将不锈钢外盖和外套旋紧密封，然后将消解器放入普通干燥箱（烘箱）中，升温至 120℃后保持恒温 2~3h，至消解完成。自然冷至室温，开启消解罐，将消解液用玻璃棉过滤至 25mL 容量瓶中，用少量去离子水淋洗内罐，经玻璃棉滤入容量瓶内，定容至 25mL，摇匀。同时做试剂空白，待测。

b. 蔬菜、瘦肉、鱼类及蛋类水分含量高的鲜样 将鲜样用捣碎机打成匀浆，称取匀浆 3.00g 置于聚四氟乙烯塑料罐内，加盖留缝，于 65℃烘箱中干燥至近干，取出，加 5mL 硝酸放置过夜，再加 3mL 过氧化氢，以后的操作与 a. 相同。

（2）测定 按仪器要求调整好，备用。测汞仪中的光道管、气路管道均要保持干燥、光亮、平滑、无水汽凝集，否则应分段拆下，用无汞水煮，再烘干备用。

从汞蒸气发生瓶至测汞仪的连接管道不宜过长，宜用不吸附汞的聚氯乙烯塑料管。测定时应注意水气的干扰，从汞蒸气发生器产生的汞原子蒸气，通常带有水汽，进仪器前如不经干燥，会被带进光道管，产生汞吸附，降低检测灵敏度。因此通常汞原子蒸气必须先经干燥管吸水后再进入仪器检测。常用的干燥剂以变色硅胶为好，当干燥管硅胶吸水变色后，提示需更换干燥剂，以保证仪器光道管的干燥。

① 吸取 10.0mL 样品消化液，置于汞蒸气发生器内，连接抽气装置，沿壁迅速加入 1mL 300g/L 氯化亚锡溶液，立即通入流速为 1.5L/min 的氮气或经活性炭处理的空气，使汞蒸气经过硅胶干燥管进入测汞仪中，读取测汞仪上最大读数，同时做试剂空白试验。

② 标准曲线的绘制 分别吸取 0.00、0.10mL、0.20mL、0.30mL、0.40mL、0.50mL 汞标准使用液（相当于 0.00、0.01μg、0.02μg、0.03μg、0.04μg、0.05μg 汞）置于试管中，各加混合酸（1:1:8）至 10mL，以下按步骤①自"置于汞蒸气发生器内"起依法操作，绘制标准曲线。

③ 五氧化二钒消化法标准曲线的绘制 吸取 0.0、1.0mL、2.0mL、3.0mL、4.0mL、5.0mL 汞标准使用液（相当于 0、0.1μg、0.2μg、0.3μg、0.4μg、0.5μg 汞），置于 6 个 50mL 的容量瓶中，各加 1mL 硫酸（1+1）、1mL 50g/L 高锰酸钾溶液，加 20mL 水，混匀，滴加盐酸羟胺（200g/L）溶液使紫色褪去，加水至刻度混匀，分别吸取 10.00mL（相当于 0、0.02μg、0.04μg、0.06μg、0.08μg、0.10μg 汞），以下按步骤①自"置于汞蒸气发生

器内"起依法操作，绘制标准曲线。

5. 计算

按下式计算样品中的汞含量：

$$X = \frac{(A_1 - A_2) \times 1000}{M \times V_2 / V_1 \times 1000}$$

(20-1)

式中，X 为样品中汞的含量，mg/kg 或 mg/L；A_1 为测定用样品消化液中汞的质量，μg；A_2 为试剂空白液中汞的质量，μg；M 为样品的质量或体积，g 或 mL；V_1 为样品消化液总体积，mL；V_2 为测定用样品消化液体积，mL。

6. 注意事项

（1）用五氧化二钒消解可直接在 50～100mL 锥形瓶中进行，不需要回流装置，适宜大批样品的消解，如在锥形瓶口加一个长颈漏斗效果则更好（回流作用），但注意加热时间不能过长，更不能烧干。

（2）高压消解法消化样品具有快速、简便、防污染的特点。但使用高压消解器时必须按使用说明操作，应注意控温、消解器内罐容量和取样量等方面。为了防止在消解反应中产生过高的压力，应将样品先冷消化放置过夜。

二、第二法　原子荧光光度法测定食品中的汞

1. 仪器与试剂

AFS-230E 原子荧光光度计，原子荧光用汞特种空心阴极灯。

（1）试剂　硝酸（优级纯），盐酸（优级纯），过氧化氢（分析纯），实验用去离子水，1mg/mL 汞标准溶液，2%（w/v）硼氢化钾溶液（将 10g 硼氢化钾溶解于 500mL 0.5% 的氢氧化钠溶液中），所用器皿均用 10% 硝酸浸泡过夜。

（2）仪器条件　汞灯电流 15mA，负高压 260V，原子化器高度 10mm，载气 400mL/min，屏蔽气 1000mL/min，测定方式为标准曲线法，读数方式为峰面积，延迟时间 1s，读数时间 10s。

（3）试样处理　同冷原子吸收光谱法测定汞的含量。

（4）汞标准系列的配制　吸取 1mL 浓度为 1mg/mL 的汞标准溶液（国家标准物质研究中心）于 100mL 容量瓶中，加入 0.05g 重铬酸钾，用 5% 硝酸定容至刻度（此溶液为汞标准贮备液，浓度为 10μg/mL，置于冰箱中保存）。再吸取 1.0mL 汞标准贮备液于 100mL 容量瓶中，用 5% 硝酸定容至刻度，此溶液为汞标准使用液，浓度为 0.1μg/mL。吸取汞标准使用液 0.00、1.00mL、2.00mL、3.00mL、4.00mL、5.00mL 于 25mL 比色管中，用 5% 盐酸定容至

刻度，相当于汞浓度为：0、4.0μg/L、8.0μg/L、12.0μg/L、16.0μg/L、20.0μg/L。

2. 测定方法

光电倍增管负高压 240V；汞空心阴极灯电流为 30mA；温度：300℃，高度为 8.0mm；载气 500mL/min；屏蔽气：1000mL/min。

测量方式：标准曲线法；读数方式：峰面积；读数延迟时间：1s；读数时间：10s；硼氢化钾加液时间：8s；标准溶液或者样品溶液加液体积：2mL。

按下式计算样品中的汞含量：

$$X = \frac{(C - C_0) \times V \times 1000}{M \times 1000 \times 1000} \tag{20-2}$$

式中，X 为样品中汞的含量，mg/kg 或 mg/L；C 为测定用样品消化液中汞的质量，ng/mL；C_0 为试剂空白液中汞的质量，ng/mL；M 为样品的质量或体积，g 或 mL；V 为样品消化液总体积，mL；

3. 思考题

(1) 食品中的几种重金属的测定方法有什么相同和不同之处？

(2) 汞的主要危害是什么？

参 考 文 献

[1] 杨惠芬等. 食品卫生理化检验标准手册. 北京：中国标准出版社，2004.

实验二十一　糕干粉中铜元素的测定

一、第一法　可见分光光度法

1. 目的

掌握用 721 型分光光度计测定铜元素的方法。

2. 原理

样品经消化后，在碱性溶液中（pH9.0～9.2）铜离子与二乙氨基二硫代甲酸钠生成棕黄色络合物，溶于四氯化碳与标准系列比较定量。

3. 试剂与仪器

（1）试剂

① 柠檬酸铵-乙二胺四乙酸二钠溶液　称取 20g 柠檬酸铵及 5g 乙二铵四乙酸二钠溶于水中，加水稀释至 10mL。

② 2mol/L 硫酸　量取 20mL 硫酸，缓慢倒入 300mL 水中。

③ 1：1 氨水。

④ 酚红指示液　0.1％乙醇溶液。

⑤ 铜试剂溶液　0.1％二乙氨基二硫代甲酸钠溶液，必要时可过滤，贮于冰箱中。

⑥ 四氯化碳。

⑦ 铜标准溶液　精密称取 1.0000g 金属铜（99.99％）分次加入 6mol/L 硝酸溶液中，总量不超过 37mL，移入 1000mL 容量瓶中，用水稀释至刻度。此溶液每毫升相当于 1mg 铜。

⑧ 铜标准使用液　吸取 10.0mL 铜标准溶液，置于 100mL 容量瓶中，加 1mol/L 硫酸稀释至刻度。如此再稀释，直至每毫升相当于 $10\mu g$ 铜。

⑨ 6mol/L 硝酸　量取 60mL 硝酸，加入水稀释至 160mL。

（2）仪器　分光光度计。

4. 操作方法

（1）样品消化（可根据实验室条件选用以下任何一种方法消解）

① 压力消解罐消解法 称取 1.00~2.00g 试样（干样、含脂肪高的试样小于 1.00g，鲜样小于 2.0g 或按压力消解罐使用说明书称取试样）于聚四氟乙烯内罐，加硝酸 2~4mL 浸泡过夜。再加过氧化氢（30%）2~3mL（总量不能超过罐容积的三分之一）。盖好内盖，旋紧不锈钢外套，放入恒温干燥箱 120~140℃保持 3~4h，在箱内自然冷却至室温，用滴管将消化液洗入或滤入（视消化后试样的盐分而定）10~25mL 容量瓶中，用少量水多次洗涤消解罐，洗液合并于容量瓶中并定容至刻度，混匀备用。同时做试剂空白。

② 过硫酸铵灰化法 称取 1.00~5.00g（根据铜含量而定）试样于瓷坩埚中，先小火在可调式电热板上炭化至无烟，移入马弗炉中 500℃炭化 6~8h，冷却。若个别试样灰化不彻底，则加 1mL 混合酸在可调式电炉上小火加热，反复多次直到灰化完全，放冷，用硝酸（0.5mol/L）将灰分溶解，用滴管将试样消化液洗入或滤入（视消化后试样的盐分而定）10~25mL 容量瓶中，用少量水多次洗涤瓷坩埚，洗液合并于容量瓶中并定容至刻度，混匀备用；同时做试剂空白。

③ 湿式消解法 称取试样 1.00~5.00g 于锥形瓶中，放数粒玻璃珠，加 10mL 混合酸，加盖浸泡过夜，于锥形瓶上加一小漏斗，电炉上消解，若样品变棕黑，再加混合酸，直至冒白烟，消化液呈无色透明或略带黄色，放冷用滴管将试样消化液洗入或滤入（视消化后试样的盐分而定）10~25mL 容量瓶中，用水少量多次洗涤锥形瓶，洗液合并于容量瓶中并定容至刻度，混匀备用；同时做试剂空白。

（2）测定 吸取 10mL 消化后的定容溶液和同量的试剂空白液。分别置于 125mL 分液漏斗中，加水稀释至 20mL。

吸取 0.00、0.50mL、1.00mL、1.50mL、2.00mL、2.50mL 铜标准使用液（相当于 0、5μg、10μg、15μg、20μg、25μg 铜），分别置于 125mL 分液漏斗中，各加 1mol/L 硫酸至 20mL。

于样品消化液、试剂空白和铜标准溶液中，各加 5mL 柠檬酸铵-乙二胺四乙酸二钠溶液和 3 滴酚红指示剂，混匀，用 1：1 氨水调至红色。各加 2mL 铜试剂溶剂和 10.0mL 四氯化碳，剧烈振摇 2min，静置分层后，四氯化碳层经脱脂棉滤入 2cm 比色杯中，以零管调节零点，于波长 440nm 处测吸光度，绘制标准曲线比较。

5. 计算

$$x = \frac{(A_1 - A_2) \times 1000}{m \times \dfrac{V_1}{V_2} \times 1000} \tag{21-1}$$

式中，X 为样品中铜的含量，mg/kg 或 mg/L；A_1 为测定用样品消化液中铜的含量，μg；A_2 为试剂空白液中铜的含量，μg；m 为样品质量（体积），g（mL）；V_1 为样品消化液的总体积，mL；V_2 为测定用样品消化液体积，mL。

二、第二法　原子吸收分光光度法

1. 目的

（1）了解原子吸收分光光度计的使用方法。

（2）掌握原子吸收分光光度法测铜元素的基本原理和操作技能。

2. 原理

样品经处理后，导入原子吸收分光光度计中，原子化以后，吸收 324.8nm 共振线，其吸收量与铜量成正比，与标准系列比较定量。

3. 试剂仪器

（1）试剂　要求使用去离子水、优级纯或高级纯试剂。

① 铜标准溶液　同可见分光光度法。

② 铜标准使用液　吸收 10.0mL 铜标准溶液，置于 100mL 容量瓶中，加 0.5％硝酸稀释至刻度。如此多次稀释至每毫升相当于 1μg 铜。

③ 硝酸。

④ 6mol/L 硝酸　量取 38mL 硝酸，加水稀释至 100mL。

⑤ 0.5％硝酸　量取 1mL 硝酸，加水稀释至 200mL。

⑥ 10％硝酸　量取 10.5mL 硝酸，加水稀释至 100mL。

⑦ 过硫酸铵。

⑧ 0.5％硫酸钠溶液。

⑨ 石油醚。

（2）仪器　原子吸收分光光度计。

4. 操作方法

（1）样品处理　称取 2g 样品，置于瓷坩埚中，加热炭化后，置高温炉，420℃灰化 3h，放冷后加水少许，稍加热，然后加 1mL 1∶1 硝酸，加热溶解后移入 10mL 容量瓶中，加水稀释至刻度，备用。

（2）测定　吸取 0、1mL、2mL、4mL、6mL、8mL 铜标准使用液，分别置于 100mL 容量瓶中，加 0.5％硝酸稀释至刻度，混匀。容量瓶中每升分别相当于 0、10μg、20μg、40μg、60μg、80μg 铜。

将处理后的样液、试剂空白液和各容量瓶中铜标准液导入火焰进行测定。

测定条件：灯电流 6mA，波长 324.8nm，狭缝 0.19nm，空气流量 9L/min，乙炔流量 2L/min，灯头高度 3mm，氘灯背景校正（也可根据仪器型号调至最佳条件）。以铜含量对应吸光度，绘制标准曲线比较。

5. 计算

$$X = \frac{(A_1 - A_2) \times V \times 1000}{m \times 1000 \times 1000} \tag{21-2}$$

式中，X 为样品中铜的含量，mg/kg；A_1 为测定用样品中铜的含量，ng/mL；A_2 为试剂空白液中铜的含量，ng/mL；V 为样品总体积，mL；m 为样品质量，g（mL）。

6. 思考题

（1）测定铜元素的方法有哪些？

（2）以原子吸收法测定铜元素的原理是什么？

参 考 文 献

[1]　GB/T 5009.13—2003　食品中铜的测定方法。

实验二十二 植物油酸败指标的比较测定

一、目的

1. 通过测定油脂的酸价、过氧化值、丙二醛、羰基价来判断油脂酸败的程度。
2. 掌握每种测定方法的原理及注意事项。

二、测定方法

1. 酸价的测定

（1）原理　酸价是指中和1g植物油中的游离脂肪酸所需氢氧化钾的质量（mg）。酸价是脂肪中游离脂肪酸含量的标志，是反映油脂酸败的主要指标。酸价的测定是利用游离脂肪酸溶于有机溶剂的特性，用中性乙醚、乙醇混合液溶解油样，然后用标准碱液对其中的游离脂肪酸进行滴定，根据油样重量和消耗的标准碱液的量来计算出油脂酸价。酸价越小，说明油脂质量越好，新鲜度和精炼程度越好。

（2）试剂及仪器　酚酞指示剂；0.05mol/L氢氧化钾标准滴定溶液；中性乙醚-乙醇混合液；滴定管；锥形瓶。

（3）操作步骤　准确称取混匀的待测植物油样品3～5g，置于锥形瓶中，加入50mL中性乙醚-乙醇混合液，振摇使植物油溶解，然后加入2～3滴酚酞指示剂，再用0.05mol/L氢氧化钾标准溶液滴定至出现微红色，且30s内不褪色，记录所消耗的碱液体积（V，mL）。

（4）计算

$$油脂酸价（AV）（以KOH计，mg/g）= \frac{V \times c \times 56.1}{m} \quad (22-1)$$

式中，V为滴定样品所消耗的氢氧化钾标准溶液体积，mL；c为氢氧化钾标准溶液的浓度，mol/L；m为待测样品质量，g；56.1为KOH的摩尔质量，g/mol。

（5）注意事项

① 试验中加入乙醇可以使碱和游离脂肪酸的反应在均匀状态下进行，以防止反应生成的脂肪酸钾盐离解。

② 用氢氧化钾-乙醇溶液滴定，终点更为清晰，且滴定所用氢氧化钾溶液的量应为乙醇量的1/5，以免皂化水解。如过量，则可能因为碱液带进的水太多，而乙醇量不足，使得乙醚与碱液不能互溶，从而滴定过程中可能出现浑浊或分层。一旦出现这样的现象，可以不加95％的乙醇，促使均一相体系形成。

③ 深色油或者其他酸价高的油脂可以通过减少样品用量或者适当增大碱液浓度来测定。

④ 测定蓖麻油时，要用中性乙醇来替代乙醚-乙醇混合液，因为蓖麻油不溶于乙醚。

2. 过氧化值的测定

（1）原理　油脂在败坏的过程中，不饱和脂肪酸被氧化形成活性很强的过氧化物，进而聚合或分解，产生醛、酮和低分子量的有机酸类。过氧化物是油脂酸败的中间产物，因此常以过氧化物在油脂中的产生作为油脂开始败坏的标志。油脂的过氧化值（POV）是指100g油脂中所含有的过氧化物在酸性环境下与碘化钾作用时析出碘的质量（g）。

（2）试剂

① 0.002mol/L 的 $Na_2S_2O_3$ 标准溶液　先配置，再标定，最后稀释。

② 氯仿-冰醋酸混合液　取氯仿40mL加冰醋酸60mL，混匀。

③ 饱和碘化钾溶液　称取14g碘化钾，加10mL水溶解，必要时微热使其溶解，冷却后贮于棕色瓶中。

④ 10g/L 淀粉指示剂　称取可溶性淀粉0.5g，加少许水，调成糊状，倒入50mL沸水中调匀，煮沸。临用时现配。

（3）操作步骤　称取混合均匀的油样2~3g置于250mL干燥的碘量瓶底部，加入30mL氯仿-冰醋酸混合液，轻轻摇动充分混合；加入1mL饱和碘化钾溶液，加塞后摇匀0.5min，在暗处放置5min；取出碘量瓶，立即加入100mL蒸馏水，充分混合后，立即用0.002mol/L的 $Na_2S_2O_3$ 标准溶液滴定至水层呈浅黄色时，加入1mL淀粉指示剂，继续滴定至蓝色消失为止，记下体积V_1（mL），并计算过氧化值POV；同时做不加油样的空白试验，记下体积V_2（mL）。

（4）计算

$$过氧化值（POV）（g/100g）＝\frac{(V_1-V_2)\times c\times 127}{m\times 1000}\times 100 \qquad (22\text{-}2)$$

式中，V_1 为油样用去的 $Na_2S_2O_3$ 标准溶液的体积，mL；V_2 为空白试验用去的 $Na_2S_2O_3$ 标准溶液体积，mL；c 为 $Na_2S_2O_3$ 标准溶液的摩尔浓度，mol/L；m 为油样质量，g；127表示 $\frac{1}{2}I_2$ 的摩尔质量。

（5）注意事项

① 日光能促进硫代硫酸钠溶液分解，应装于棕色滴定瓶中。

② 氯仿不得含有光气等氧化物，否则应进行处理。

③ 淀粉指示剂应是新配制的。最好在接近终点时加入，即在 $Na_2S_2O_3$ 标准溶液滴定碘至浅黄色时再加入淀粉，否则碘和淀粉吸附太牢，到终点时颜色不易褪去，致使终点出现过迟，引起误差。

④ 碘与硫代硫酸钠的反应必须在中性或弱酸性溶液中进行，因为在碱性溶液中将发生副反应，在强酸性溶液中，硫代硫酸钠会发生分解，且碘离子在强酸性溶液中易被空气中的氧氧化。为防止碘被空气氧化，应放在暗处，避免阳光照射，析出碘单质后，应立即用硫代硫酸钠滴定，滴定速度应适当快些。

⑤ 饱和碘化钾溶液中不可存在游离碘、碘酸盐。加入碘化钾后，静置时间长短以及加水量多少对测定结果均有影响。

⑥ 过氧化值过低时，可以改用更低浓度的 $Na_2S_2O_3$ 标准溶液进行滴定。

3. 丙二醛的测定

（1）原理　植物油中不饱和脂肪酸氧化而发生酸败反应，分解出醛、酸类的化合物，丙二醛是其中一种，根据其含量多少可以推断出油脂酸败的程度。硫代巴比妥酸（TBA）试剂与脂肪氧化物的衍生物丙二醛（MDA）可以生成红色复合物，生成的红色复合物的量与油脂酸败程度相关。

（2）试剂　2g/L 的硫代巴比妥酸；200g/L 的三氯乙酸；0.1mol/L 的盐酸。

（3）操作步骤　称取食用植物油 0.1g，置于 10mL 离心管中，加 2g/L 硫代巴比妥酸 5mL、三氯乙酸 2mL，加大的玻璃球于离心管口处，沸水浴中回流 25min，在冷凝管上加 0.1mol/L 的盐酸 3mL 冲洗玻璃球于离心管中，放冷后，溶液离心分离 15min，取澄清液于 535nm 波长下测定吸光值。

（4）计算

$$TBA\ 值 = E^{1\%}_{1cm(535nm)} \times 46 \tag{22-3}$$

式中，$E^{1\%}_{1cm(535nm)}$ 表示在 535nm 波长下 1cm 比色杯，样品浓度为 1% 时的光密度；46 表示换算系数。

（5）注意事项

① 可溶性糖与 TBA 显色反应的产物在 532nm 处也有吸收（最大吸收在 450nm），当植物处于干旱、高温、低温等逆境时可溶性糖含量会增高，必要时要排除可溶性糖的干扰。

② 低浓度的铁离子能增强 MDA 与 TBA 的显色反应，当植物组织中的铁离子浓度过低时应补充 Fe^{3+}（最终浓度为 0.5nmol/L）。

③ 如待测液浑浊，可适当增加离心力及时间，最好使用低温离心机离心。

4. 羰基价的测定

（1）原理　油脂氧化生成过氧化物，进一步分解为含羰基的化合物，这些二次产物中的羰基化合物（醛、酮类化合物）的量就是羰基价。确切地说，羰基价是指每1000g试样中含羰酰基的物质的量（mol）或以%、mg/g等表示。羰基价的大小则代表油脂的酸败程度，也是油脂氧化酸败的灵敏指标。羰基化合物和2,4-二硝基苯肼作用生成苯腙，在碱性溶液中形成醌离子，呈褐红色或酒红色，在440nm波长下测定吸光度，与标准比较定量，计算羰基价。

（2）试剂

① 精制乙醇　取1000mL无水乙醇，置于2000mL圆底烧瓶中，加入5g铝粉、10g氢氧化钾，接好标准磨口的回流冷凝管，水浴中加热回流1h，然后用全玻璃蒸馏装置蒸馏收集馏液。

② 精制苯　取500mL苯，置于1000mL分液漏斗中，加入50mL硫酸，小心振摇5min，开始振摇时注意放气。静置分层，弃去硫酸层，再加50mL硫酸重复处理一次，将苯层移入另一分液漏斗，用水洗涤三次，然后经无水硫酸钠脱水，用全玻璃蒸馏装置蒸馏收集馏液。

③ 2,4-二硝基苯肼溶液　称取50mg 2,4-二硝基苯肼，溶于100mL精制苯中。

④ 三氯乙酸溶液　称取4.3g固体三氯乙酸，加100mL精制苯溶解。

⑤ 氢氧化钾-乙醇溶液　称取4g氢氧化钾，加100mL精制乙醇使其溶解，置冷暗处过夜，取上部澄清液使用。溶液变黄褐色则应重新配置。

（3）操作步骤　称取0.025～0.500g试样，置于小烧杯中，加适量苯溶解后定容于25mL容量瓶中。吸取5.0mL，置于25mL具塞试管中，加3mL三氯乙酸溶液及5mL 2,4-二硝基苯肼溶液，仔细振摇混匀，在60℃水浴中加热30min，冷却后，沿试管内壁慢慢加入10mL氢氧化钾-乙醇溶液，使成为两液层，塞紧塞子，剧烈振摇混匀，放置10min。用试剂空白调零，在440nm波长下测定吸光度。

（4）计算

$$X = \frac{A}{854 \times m \times V_2/V_1} \times 1000 \qquad (22\text{-}4)$$

式中，X为试样的羰基价，mmol/kg；A为测定时样液的吸光度；m为试样质量，g；V_1为试样稀释后的总体积，mL；V_2为测定所用试样稀释液的体积，mL；854为各种醛的摩尔质量吸光系数的平均值。

（5）注意事项

① 精制乙醇的目的是因为乙醇中往往混有醇类的氧化产物（如醛类等），对本试验有干扰，利用氢的强还原性，可以除去羰基化合物。在回流时，还有氢气不断从溶液中逸出。

② 苯中若含有干扰物质时，可用浓硫酸洗涤苯，然后蒸馏收集；也可以于 1L 苯中加入 2,4-二硝基苯肼 5g、三氯乙酸 1g，回流 60min 后，蒸馏、收集。

③ 2,4-二硝基苯肼较难溶于苯，配制时应充分搅动，必要时过滤使溶液中无固形物。

④ 三氯乙酸是比乙酸酸性更强的有机酸，三氯乙酸的苯溶液是反应的酸性介质，对生成腙的反应有催化作用。

⑤ 氢氧化钾-乙醇溶液极易变褐，并且新配制的溶液往往浑浊。本试验要求试液清澈透明无色，一般是配制后过夜，使用时取上清液，也可用玻璃纤维滤膜过滤。

三、思考题

1. 测定脂肪酸败的指标除本实验涉及到的还有什么指标？
2. 酸价和过氧化值的测定原理是什么？

参 考 文 献

[1] 王启军等. 食品分析实验. 北京：化学工业出版社，2010.

[2] 王远红，徐家敏. 食品检验与分析实验技术. 青岛：中国海洋大学出版社，2006.

[3] 李凤玉，梁文珍. 食品分析与检验. 北京：中国农业大学出版社，2009.

[4] 刘长虹. 食品分析及实验. 北京：化学工业出版社，2006.

[5] （美）尼尔森（Nielsen S S）著. 食品分析实验指导. 杨严峻译. 北京：中国轻工业出版社，2009.

[6] 王肇慈. 粮油食品品质分析. 北京：中国轻工业出版社，2000.

[7] 侯曼玲. 食品分析. 北京：化学工业出版社，2004.

[8] 张水华. 食品分析. 北京：中国轻工业出版社，2004.

[9] 中国标准出版社第一编辑室编. 中国食品工业标准汇编：食用油及其制品卷. 北京：中国标准出版社，2006.

实验二十三　食品中着色剂的测定

一、目的

明确测定色素的原理与方法，通过此实验掌握纸色谱定性法与提纯色素的定量法。

二、原理

聚酰胺是具有双极性的化合物，水溶性酸性染料在酸性条件下被聚酰胺吸附，而在碱性条件下解吸附，再用纸色谱法或薄层色谱法进行分离后与标准比较定性、定量。

三、试剂与仪器

1. 试剂

(1) 聚酰胺粉（尼龙6）。

(2) 硫酸 1：10。

(3) 甲醇-甲酸溶液：6：4。

(4) 甲醇。

(5) 20％柠檬酸溶液。

(6) 10％钨酸钠溶液。

(7) 石油醚：沸程 60～90℃。

(8) 海砂　先用 1：10 盐酸煮沸 15min，用水洗至中性，再用 5％氢氧化钠溶液煮沸 15min，于 105℃干燥，贮于具玻璃塞的瓶中，备用。

(9) 乙醇-氨溶液　取 1mL 氨水，加 70％乙醇至 100mL。

(10) 50％乙醇溶液。

（11）硅胶 G。

（12）pH6 的水　用 20％柠檬酸调节至 pH6。

（13）盐酸：1：10。

（14）5％氢氧化钠溶液。

（15）碎瓷片　处理方法同海砂。

（16）展开剂

a. 正丁醇-无水乙醇-1％氨水（6：2：3）：供纸色谱用。

b. 正丁醇-吡啶-1％氨水（6：3：4）：供纸色谱用。

c. 甲乙酮-丙酮-水（7：3：3）：供纸色谱用。

d. 甲醇-乙二胺-氨水（10：3：2）：供薄层色谱用。

e. 甲醇-氨水-乙醇（5：1：10）：供薄层色谱用。

f. 2.5％柠檬酸钠-氨水-乙醇（8：1：2）：供薄层色谱用。

（17）色素标准溶液　以下商品作为标准（以 100％计）。

胭脂红：纯度 60％；苋菜红：纯度 60％；柠檬黄：纯度 60％；靛蓝：纯度 40％；日落黄：纯度 60％；亮蓝：纯度 60％。精密称取上述色素各 0.100g，用 pH6 的水溶解，移入 100mL 容量瓶中并稀释至刻度。此溶液每毫升相当于 1mg 商品色素。靛蓝溶液需在暗处保存。

（18）色素标准使用液　用时吸取色素标准溶液各 5.0mL，分别置于 50mL 容量瓶中，加 pH6 的水稀释至刻度。此溶液每毫升相当于 0.1mg 商品色素。

2. 仪器

分光光度计；微量注射器或色素吸管；展开槽，25cm×6cm×4cm；层析缸；滤纸：中速滤纸，纸色谱用；薄层板：5cm×20cm；电吹风机；水泵。

四、操作方法

1. 样品处理

（1）果味水、果子露、汽水　吸取 50.0mL 样品于 100mL 烧杯中，汽水需加热驱除二氧化碳。

（2）配制酒　吸取 100.0mL 样品于烧杯中，加碎瓷片数块，加热驱除乙醇。

（3）硬糖、蜜饯类、淀粉软糖　称取 5.0g 或 10.0g 粉碎的样品，加 30mL 水，温热溶解，若样液 pH 值较高，用 20％柠檬酸溶液调至 pH4 左右。

（4）含蛋奶的样品

① 奶糖　称取 10.0g 粉碎均匀的样品，加 30mL 乙醇-氨溶液溶解，置水

浴上浓缩至约 20mL，立即用 1：10 硫酸调溶液至微酸性，再加 1.0mL 1：10 硫酸，加 1mL 10％钨酸钠溶液，使蛋白质沉淀，过滤，用少量水洗涤，收集滤液。

② 蛋糕类　称取 10.0g 粉碎均匀的样品，加海砂少许，混匀，用热风风干样品（用手摸已干燥即可），加入 30mL 石油醚搅拌，放置片刻，倾出石油醚，如此重复处理三次，以除去脂肪。吹干后研细，全部转入 G_3 垂熔漏斗或普通漏斗中，用乙醇-氨溶液提取色素，直至色素全部提完，以下按①自"置水浴上浓缩至约 20mL"起依法操作。

2. 吸附分离

将处理后所得的溶液加热至 70℃，加入 0.5～1.0g 聚酰胺粉充分搅拌，用 20％柠檬酸溶液调 pH 至 4，使色素完全被吸附，若溶液还有颜色，可以再加一些聚酰胺粉。将吸附色素的聚酰胺全部转入 G_3 垂熔漏斗或玻璃漏斗中过滤（如用 G_3 垂熔漏斗过滤，可以用水泵慢慢地抽滤）。用 20％柠檬酸酸化 pH＝4 的 70℃水反复洗涤，每次 20mL，边洗边搅拌，若含有天然色素再用甲醇-甲酸溶液洗涤 1～3 次，每次 20mL，至洗液无色为止。再用 70℃水多次洗涤至流出的溶液为中性。洗涤过程中必须充分搅拌。然后用乙醇-氨溶液分次解吸全部色素，收集全部解吸液，于水浴上驱氨。如果为单色，则用水准确稀释至 50mL，用分光光度法进行测定。如果为多种色素混合液，则进行纸色谱或薄层色谱法分离后测定，即将上述溶液置水浴上浓缩至约 2mL 后移入 5mL 容量瓶中，用 50％乙醇洗涤容器，洗液并入容量瓶中并稀释至刻度。

3. 定性

（1）纸色谱　取色谱用纸，在距底边 2cm 的起始线上分别点 3～10μL 样品溶液、1～2μL 色素标准溶液，挂于分别盛有 a、b、c、d、e、f 的展开剂的色谱缸中，用上行法展开，待溶剂前沿展至 15cm 处，将滤纸取出于空气中晾干，与标准斑比较定性。

也可取 0.5mL 样液，在起始线上从左到右点成条状，纸的右边点色素标准溶液，依法展开，晾干后先定性后定量，靛蓝在碱性条件下易褪色，可用 e 展开剂。

（2）薄层色谱

① 薄层板的制备　称取 1.6g 聚酰胺粉、0.4g 可溶性淀粉及 2g 硅胶 G，置于合适的研钵中，加 15mL 水研匀后，立即置涂布器中铺成厚度为 0.3mm 的板。在室温晾干后，于 80℃干燥 1h。置干燥器中备用。

② 点样　离板底边 2cm 处将 0.5mL 样液从左到右点成与底边平行的条状，右边点 2μL 色素标准溶液。

③ 展开　苋菜红与胭脂红用 d 展开剂，靛蓝与亮蓝用 e 展开剂，柠檬黄

与其他色素用 f 展开剂。取适量展开剂倒入展开槽中，将薄层板放入展开，待色素明显分开后取出，晾干，与标准斑比较，如比移值相同即为同一色素。

4. 定量

（1）样品测定　将纸色谱的条状色斑剪下，用少量热水洗涤数次，洗液移入 10mL 比色管中，并加水稀释至刻度，作比色法定量用。

将薄层色谱的条状色斑包括有扩散的部分，分别用刮刀刮下，移入漏斗中，用乙醇-氨溶液解吸色素，少量反复多次至解吸液无色，收集解吸液于蒸发皿中，于水浴上挥发除去氨，移入 10mL 比色管中，加水至刻度作比色用。

（2）标准曲线制备　分别吸取 0.0、0.5mL、1.0mL、2.0mL、3.0mL、4.0mL 胭脂红、苋菜红、柠檬黄、日落黄色素标准使用液或 0.0、0.2mL、0.4mL、0.6mL、0.8mL、1.0mL 亮蓝、靛蓝色素标准溶液，分别置于 10mL 比色管中，各加水稀释至刻度。

将上述样品与标准管分别用 1cm 比色杯，以零管调节零点，于一定波长下（胭脂红 510nm，苋菜红 520nm，柠檬黄 430nm，日落黄 482nm，亮蓝 627nm，靛蓝 620nm）测定吸光度，分别绘制标准曲线比较或与标准色列目测比较。

五、计算

$$X = \frac{A \times 100}{m \times V_1/V_2 \times 1000} \tag{23-1}$$

式中，X 为样品中色素的含量，g/kg（g/L）；A 为测定用样液中色素的含量，mg；m 为样品质量（体积），g（mL）；V_2 为样品解吸后总体积，mL；V_1 为样液点板（纸）体积，mL。

六、思考题

举出两个测定某种色素的方法及原理。

参 考 文 献

[1]　GB/T 5009.35—2003 食品中合成着色剂的测定。

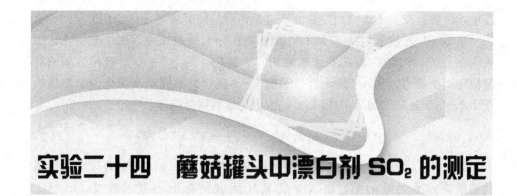

实验二十四 蘑菇罐头中漂白剂 SO₂ 的测定

一、第一法 盐酸副玫瑰苯胺比色法

1. 目的

（1）掌握盐酸副玫瑰苯胺比色法测定 SO_2 的方法与原理。

（2）熟悉 721 型分光光度计的工作原理和使用方法。

2. 原理

二氧化硫被四氯汞钠吸收液吸收后，生成稳定的络合物，再与甲醛和盐酸副玫瑰苯胺作用，并经分子重排后，生成紫红色的络合物。其颜色的深浅与二氧化硫的浓度成正比，可以比色测定。

3. 试剂及仪器

（1）试剂

① 四氯汞钠吸收液 称取氯化汞（$HgCl_2$）27.2g、氯化钠 11.7g，溶于水中并稀释至 1000mL，放置过夜，过滤后使用。

② 显色剂 溶解盐酸副玫瑰苯胺 100mg 于 200mL 水中，加 40mL 浓盐酸，定容至 500mL，置于棕色瓶中。

③ 2%甲醛溶液 吸取 37%～40%甲醛 5mL 于水中，并稀释至 100mL。

④ 1%淀粉指示剂。

⑤ 冰醋酸。

⑥ 蛋白质沉淀剂

饱和硼砂溶液：溶解约 25g 硼砂于 500mL 水中。

硫酸锌溶液：溶解 150g 硫酸锌于 500mL 水中。

⑦ 0.1mol/L 碘溶液。

⑧ 0.1mol/L 硫代硫酸钠标准溶液。

⑨ 二氧化硫标准溶液 称取 0.5g 亚硫酸氢钠溶于 200mL 四氯汞钠吸收

液中，放置过夜。上清液用定量滤纸过滤备用，按下法进行标定。

取 10mL 亚硫酸氢钠-四氯汞钠溶液于 250mL 碘量瓶中，加水 100mL，加入 0.1mol/L 碘溶液 20mL、冰醋酸 5mL，摇匀，用 0.1mol/L 硫代硫酸钠溶液滴定到淡黄色，加入 1% 淀粉指示剂 5～6 滴，继续滴定至无色。空白试验于 250mL 碘量瓶中加入 100mL 水，按上述步骤同样操作。

$$SO_2 \text{ 含量}(\text{mg/mL}) = \frac{V_1 - V_2}{10} \times c \times 32.03 \qquad (24-1)$$

式中，V_1 为空白消耗硫代硫酸钠标准溶液的量，mL；V_2 为标准消耗硫代硫酸钠标准溶液的量，mL；c 为硫代硫酸钠标准溶液的浓度，mol/L；32.03 为 0.1mol/L 硫代硫酸钠溶液 1mL 相当于二氧化硫的量，mg。

根据计算结果，用吸收液稀释成 1mL 相当于 2mg 的二氧化硫。此应用液于 4℃ 冰箱中保存，可供一周内使用。

（2）仪器　分光光度计。

4. 操作方法

（1）样品处理　称取捣碎的蘑菇样品 20g，加入饱和硼砂溶液 5mL、硫酸锌 2mL，搅拌均匀，移入 100mL 容量瓶中，加水至刻度。过滤，滤液供测定用（滤液必须澄清，否则要重复过滤数次）。

（2）标准曲线的绘制　吸取每毫升相当于 $2\mu g$ 的二氧化硫标准溶液 0.0、1.0mL、2.0mL、3.0mL、4.0mL、5.0mL 于 25mL 比色管中，各加 2% 甲醛溶液 1mL、显色剂 1mL，另分别依次加入 10mL、9mL、8mL、7mL、6mL、5mL 吸收液，混匀，静置 15min，于分光光度计 580nm 波长下测定。

（3）样品分析　吸取滤液 5mL，加入吸收剂 5mL、2% 甲醛溶液 1mL、显色剂 mL，混匀，静置 15min，于分光光度计 580nm 波长下测定光密度。根据测得的光密度，从标准曲线查得相应的二氧化硫的含量。

5. 计算

$$SO_2 \text{ 含量}(\text{mg/kg}) = \frac{C}{W} \times 1000 \qquad (24-2)$$

式中，C 表示相当于标准的量，mg；W 表示测定时所取样品溶液相当于样品的量，g。

6. 注意事项

（1）最适反应温度为 20～25℃，温度低灵敏度低，故标准管与样品管需在相同温度下显色。

（2）温度为 15～16℃，放置时间需延长为 25min，颜色稳定 20min。

（3）盐酸副玫瑰苯胺中的盐酸用量对显色有影响，加入盐酸量多，显色浅，加入量少，显色深，所以要按操作进行。

（4）甲醛浓度在 $0.15\%\sim0.25\%$ 时，颜色稳定，故选择 0.2% 甲醛溶液。

（5）颜色较深的样品，可用 10% 活性炭脱色。

（6）测定粉丝、粉条中的二氧化硫时，样品要浸泡 $30min$。

（7）样品加入四氯汞钠吸收液于 $100mL$ 容量瓶中，加水至刻度，摇匀。此溶液中的二氧化硫含量在 $24h$ 之内很稳定。

二、第二法　滴定法二氧化硫的测定

1. 原理

样品中的二氧化硫包括游离的和结合的，加入氢氧化钾破坏其结合状态，并使之固定。

$$SO_2 + 2KOH =\!\!= K_2SO_3 + H_2O$$

加入硫酸又使二氧化硫游离，可用标准碘液滴定之，反应式如下：

$$K_2SO_3 + H_2SO_4 =\!\!= K_2SO_4 + H_2O + SO_2$$
$$SO_2 + 2H_2O + I_2 =\!\!= H_2SO_4 + 2HI$$

到达终点时，稍过量的碘即与淀粉指示剂作用，生成蓝色的碘-淀粉复合物。从碘标准溶液的消耗量可计算出二氧化硫的含量。

2. 试剂及仪器

（1）$1mol/L$ 氢氧化钾溶液　溶解 $57g$ 氢氧化钾于蒸馏水中，加蒸馏水稀释至 $1000mL$。

（2）$1:3$ 硫酸溶液。

（3）$0.01mol/L$ 碘标准溶液。

（4）0.1% 淀粉溶液。

（5）$250mL$ 容量瓶。

（6）$250mL$ 碘量瓶或具塞锥形瓶。

3. 操作方法

在小烧杯内称取试样 $20g$（准确至 $0.01g$），用蒸馏水将试样洗入 $250mL$ 容量瓶中，加蒸馏水至总容量的二分之一，加塞振荡，再加蒸馏水至刻度，摇匀。待瓶内液体澄清后，用 $50mL$ 移液管吸取澄清液 $50mL$ 注入 $250mL$ 碘量瓶中，加入 $1mol/L$ 氢氧化钾溶液 $25mL$。将瓶内混合液用力振摇后放置 $10min$，然后一边振荡一边加入 $1:3$ 硫酸溶液 $10mL$ 和淀粉液 $1mL$，以碘标准溶液滴定至呈现蓝色并在半分钟内不褪色为止。同时不加试样按上述进行空白试验。

4. 计算

$$SO_2 含量(mg/kg) = \frac{(V_1 - V_2) \times c \times 0.032 \times 5}{W} \times 100 \tag{24-3}$$

式中，V_1 为滴定时所耗碘标准溶液的量，mL；V_2 为滴定空白试验所耗碘标准溶液的量，mL；c 为碘标准溶液的规定浓度，mol/L；W 为样品的质量，g；0.032 为 1mL 碘标准溶液相当的二氧化硫的质量，g。

三、思考题

（1）盐酸副玫瑰苯胺比色法的原理是什么？
（2）二氧化硫作为漂白剂的测定方法有哪些？

参 考 文 献

[1] 王爱军. 蘑菇罐头中漂白剂 SO_2 的测定. 食品研究与开发，2006，05.

实验二十五 食品中粗脂肪含量的测定

一、目的

1. 学习索氏抽提法测定脂肪的原理与方法。
2. 掌握索氏抽提法的基本操作要点及影响因素。

二、原理

利用脂肪能溶于有机溶剂的性质，在索氏提取器中将样品用无水乙醚或石油醚等溶剂反复萃取，提取样品中的脂肪后，蒸去溶剂，所得的物质即为脂肪或称粗脂肪。

三、仪器与试剂

索氏提取器（图 25-1），电热恒温鼓风干燥箱，干燥器，恒温水浴箱，无水乙醚（不含过氧化物）或石油醚（沸程 30～60℃），滤纸筒。

四、测定步骤

1. 样品处理

（1）固体样品　准确称取均匀样品 2～5g（精确至 0.01mg），装入滤纸筒内。

（2）液体或半固体　准确称取均匀样品 5～10g（精确至 0.01mg），置于蒸发皿中，加入海砂约 20g，搅匀后于沸水浴上蒸干，然后在 95～105℃下干燥。研细后全部转入滤纸筒内，用沾有乙醚的脱脂棉擦净所用器皿，并将棉花也放入滤纸筒内。

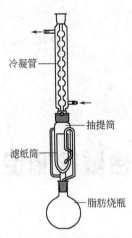

冷凝管

抽提筒

滤纸筒

脂肪烧瓶

图 25-1 索氏提取器

2. 索氏提取器的清洗

将索氏提取器各部位充分洗涤并用蒸馏水润洗后烘干。脂肪烧瓶在（103±2）℃的烘箱内干燥至恒重（前后两次称量差不超过 2mg）。

3. 样品测定

（1）将滤纸筒放入索氏提取器的抽提筒内，连接已干燥至恒重的脂肪烧瓶，由抽提器冷凝管上端加入乙醚或石油醚至瓶内容积的 2/3 处。通入冷凝水，将烧瓶浸在水浴中加热，用一小团脱脂棉轻轻塞入冷凝管上口。

（2）控制抽提温度，水浴温度应控制在使提取液每 6～8min 回流一次为宜。

（3）控制抽提时间，抽提时间视试样中粗脂肪含量而定，一般样品提取 6～12h，坚果样品提取约 16h。提取结束时，用毛玻璃板接取一滴提取液，如无油斑则表明提取完毕。

（4）提取完毕，取下脂肪烧瓶，回收乙醚或石油醚。待烧瓶内乙醚仅剩下 1～2mL 时，在水浴上蒸尽残留的溶剂，于 95～105℃下干燥 2h，置于干燥器中冷却至室温后称量。继续干燥 30min 后冷却称量，反复干燥至恒重（前后两次称量差不超过 2mg）。

五、结果计算

1. 数据

记录于表 25-1 中。

表 25-1 数据记录表

样品的质量（m）/g	脂肪烧瓶的质量（m_0）/g	脂肪和脂肪烧瓶的质量（m_1）/g			
		第一次	第二次	第三次	恒重值

2. 计算

样品中粗脂肪质量分数：

$$X = \frac{m_1 - m_0}{m} \times 100\% \qquad (25\text{-}1)$$

式中，X 为样品中粗脂肪的质量分数，%；m 为样品的质量，g；m_0 为脂肪烧瓶的质量，g；m_1 为脂肪和脂肪烧瓶的质量，g。

计算结果表示到小数点后一位。

六、注意事项

1. 抽提剂是易燃、易爆物质，应注意通风且不能有火源。

2. 样品的高度不能超过虹吸管，否则上部脂肪不能提尽而造成误差。

3. 反复加热可能会因脂类氧化而增重，质量增加时，以增重前的质量为恒重。

七、思考题

1. 简述索氏提取器的提取原理及应用范围。

2. 潮湿的样品可否采用乙醚直接提取？

3. 使用乙醚作脂肪提取溶剂时，应注意的事项有哪些？

参 考 文 献

[1]　张江荣. 食品中粗脂肪测定方法的改进研究. 现代农业科技，2012，03.

实验二十六　食品中镉的测定

一、目的

1. 掌握原子吸收分光光度法测定镉的原理及技术。
2. 了解测定重金属含量时样品的前处理方法。

二、原理

样品经处理后，导入原子吸收分光光度计中，吸收元素空心阴极灯发射出的镉特征谱线 288.8nm，其吸收值的大小与镉的含量成正比。

三、试剂与仪器

1. 试剂

（1）硝酸，过氧化氢（30%），柠檬酸。

（2）麝香草酚蓝试剂　称取 0.1g 指示剂置于玛瑙研钵中，加 0.05mol/L 氢氧化钠溶液 4.3mL（将氢氧化钠配成饱和溶液，注入塑料桶中密闭放置至溶液清亮，使用前以塑料管虹吸上层清液。量取 5mL 上述氢氧化钠饱和溶液，注入不含 CO_2 的水，定容至 1000mL，摇匀，再用不含 CO_2 的水稀释一倍），研磨后用水稀释至 200mL。

（3）二硫腙浓溶液（1mg/mL）　溶解 200mg 二硫腙于 200mL 氯仿中。

（4）二硫腙稀溶液（0.2mg/mL）　临用时取上述贮备液与氯仿按 1:4 的比例稀释。

（5）镉标准贮备液（10μg/mL）　称取 0.5000g 金属镉粉（光谱纯），溶于 25mL（1:5）HNO_3（微热溶解）。冷却，移入 500mL 容量瓶中，用蒸馏去离子水稀释并定容。此溶液为镉标准贮备液，每毫升含 1.0mg 镉。

稀释方法为：吸取 10.0mL 镉标准贮备液于 100mL 容量瓶中，用水稀释至标线，摇匀备用。吸取 10.0mL 稀释后的标液于另一 100mL 容量瓶中，用水稀释至标线即得每毫升含 10μg 镉的标准使用液。

2. 仪器

原子吸收分光光度计，消化装置等。

四、操作方法

1. 样品处理

湿式消解法：称取样品 1.00～5.00g 于凯氏烧瓶中，放数粒玻璃珠，加 10mL 混合酸（硝酸：高氯酸＝4：1）。加盖浸泡过夜，加一小漏斗于电炉上消解，若变棕黑色，再加混合酸，直至冒白烟，消化液呈无色透明或略带黄色，放冷用滴管将样品消化液洗入或过滤入（视消化后样品的盐分而定）25mL 容量瓶中，用水少量多次洗涤锥形瓶或高脚烧杯，洗液合并于容量瓶中并定容至刻度，混匀备用；同时作试剂空白。

2. 萃取分离

加 2g 柠檬酸于冷的消化液中，用水稀释至约 25mL，加 1mL 麝香草酚蓝后，置于冰浴上。慢慢加氨水将 pH 调节至 8.8 左右（溶液颜色由黄绿色变成蓝绿色）。用水将溶液转入 250mL 分液漏斗中，用水洗涤烧杯并稀释至约 150mL。冷却后，先用二硫腙浓溶液提取 2 次，每次用量 5mL，振摇 1～2min。再以二硫腙稀溶液提取，每次用量 5mL，重复操作至二硫腙不变色为止。将提取液集中至一个 125mL 分液漏斗中，用 50mL 水洗涤，将二硫腙层移入另一分液漏斗中，再用 5mL 氯仿洗涤水层，氯仿层并入二硫腙提取液中。

加 50mL 盐酸（c_{HCl}＝0.2mol/L）（量取 18mL 盐酸注入 1000mL 水中），激烈振摇 1min，静置分层后弃去二硫腙层。再用 5mL 氯仿洗涤水相，弃去氯仿层。将水相转入 400mL 烧杯中，加沸石小心蒸发至干。再用 10～20mL 水小心洗下烧杯壁上的固形物，并再次蒸发至干。

将固形物用 5.0mL 盐酸（c_{HCl}＝0.2mol/L）溶解，即得样品的镉溶液。

3. 样品测定

参考工作条件见表 26-1。

（1）标准曲线的绘制　　准确吸取 0.0、1.0mL、2.0mL、5.0mL、10.0mL、20.0mL 镉标准工作液，分别置于 100mL 容量瓶中，用盐酸（c_{HCl}＝0.2mol/L）定容（所得标准系列相当于每毫升含镉分别为 0、0.1μg、0.5μg、1.0μg、2.0μg、4.0μg）。以盐酸（0.2mol/L）作空白，把上述溶液

分别喷入火焰中，进行原子吸收测定。以扣除空白后的吸光度为纵坐标、对应的镉标准溶液的浓度为横坐标绘制标准曲线并得到回归方程。

表 26-1   原子吸收分光光度计测镉的参考工作条件

测定条件	镉
吸收线波长/nm	222.8
灯电流/mA	6～7
狭缝宽度/nm	0.15～0.20
空气流量/(L/min)	5
乙炔流量/(L/min)	0.4
灯头高度/mm	1

（2）样品测定   以盐酸（$c_{HCl}=0.2mol/L$）为空白，将处理后的样品溶液、试剂空白液分别导入火焰中进行测定，由标准曲线查得样品溶液的镉含量。

五、计算

根据查得的镉含量，按下式计算样品中的镉含量：

$$X=\frac{(A_1-A_0)\times1000}{m(V_2/V_1)\times1000} \tag{26-1}$$

式中，X 为样品中镉的含量，mg/kg；A_1 为测定用样液中的镉含量，μg；A_2 为试剂空白液中的镉含量，μg；V_1 为样品处理液的总体积，mL；V_2 为测定使用样品处理液体积，mL；m 为样品质量，g。

六、注意事项

1. 萃取镉时，调节溶液 pH 值至 9 左右，先以二硫腙-氯仿溶液提取，再以稀盐酸提取，将萃取所得的镉溶液导入原子吸收分光光度计测定，大多数金属离子不干扰测定。

2. 原子吸收分光光度计型号不同，所用标准系列浓度及测定工作条件应进行相应调整。

七、思考题

用原子吸收法测定重金属有什么优点？

参 考 文 献

[1]　侯曼玲. 食品分析. 北京：化学工业出版社，2004.

实验二十七 鲜肉新鲜度的检验

实验目的：通过实验能从肉品的色泽、黏度、弹性、气味、滋味和煮沸后肉汤透明度等方面来初步判定肉的新鲜程度，了解肉的僵直、成熟、自溶和腐败四个连续的变化过程。然后从 pH 值和蛋白质的沉淀量进一步判断肉的品质特征。掌握肉品的新鲜程度是衡量肉品是否符合食用要求的客观标准。

一、感官评价

1. 原理

利用人的感觉器官，如嗅觉、视觉、味觉、触觉，有时也利用听觉，进行检查。

一般肉的颜色依据肌肉与脂肪组织的颜色来决定，它因动物的种类、性别、年龄、肥度、经济用途、宰前状态而异，也和放血、冷却、结冻、融冻等加工情况有关；又以肉里发生的各种生化过程如发酵、自体分解、腐败等为转移。

肉的气味是肉质量的重要条件之一。各种屠畜的鲜肉各有其特有的气味，但肉经储藏后会逐渐失去原有的风味。

嫩度的意义为肉在咀嚼时对碎裂之抵抗力，常指煮熟肉的品质柔软、多汁和易被嚼烂，在口腔的感觉上可包含三个方面：开始时牙齿咬入肉内是否容易；肉是否易裂成碎片；咀嚼后剩渣的分量。

肉的弹性是指肉在加压时缩小、去压时又复原的程度的能力。

2. 操作步骤

（1）鲜肉的颜色 各种牲畜的新鲜肉应具有其特有的红色，除水牛肉（肌肉暗红带蓝紫色，脂肪为灰白色）外，不应发暗色或灰色。鲜肉久置空气后，由于肌红蛋白变成氧化肌红蛋白，而使肉色发暗红。检验时，在自然光线下观察，注意肉的外部状态，并确定肉深层组织的状态及发黏的程度。

（2）鲜肉的气味　检验时，首先判定肉的外部气味，然后用洗干净的刀剖开立即判定肉深部的颜色，应特别注意发现骨骼周围肌层的气味，因为这些部位较早地进入腐败。气味的判定宜在15～20℃的温度下进行，因为在较低的温度下，气味不易挥发，判定有一定困难。在检查大批肉样时，应先检查腐败程度较轻的肉样。

（3）鲜肉的嫩度　煮熟肉的品质柔软、多汁和易被嚼烂，在口腔的感觉上可包含三个方面：开始时牙齿咬入肉内是否容易；肉是否易裂成碎片；咀嚼后剩渣的分量。

（4）鲜肉的弹性　检验时用手指压肉的表面，观察指压凹复平的速度。

（5）煮沸后肉汤的检查　称取20g切碎的肉样品，置于200mL烧杯中，加100mL水，用表面皿盖上，加热至50～60℃，开盖检查气味，继续加热煮沸20～30min，检查肉汤的气味、滋味和透明度，以及脂肪的气味和滋味。

3. 各种牲畜肉的特征

（1）猪肉　呈淡红色至暗红色，肌纤维细致而柔软，肌间杂有丰富的脂肪，切面油亮，具特有之气味。脂肪为纯白色，质坚硬而脆，揉搓时易碎散不沾腻。

（2）牛肉　呈微红色、组织硬而有弹性，纤维较细，肌间杂有脂肪，具有特有之气味，脂肪组织呈类黄色，质地坚硬，揉搓时易碎散不沾腻。

（3）绵羊肉　呈淡红色或暗红色，质地坚较结实，纤维较细嫩，有一种特殊风味。肌间脂肪少。脂肪纯白色，质坚硬而脆，揉搓时易碎散不沾腻。

（4）山羊肉　色较绵羊肉为深，呈暗红色，质地结实，纤维较绵羊肉较粗。肌间脂肪少。脂肪呈白色，质地坚硬而脆，多蓄积于腹腔，皮下脂肪少，具有山羊特有的气味。

（5）马肉　呈暗红色或棕红色，久置于空气中色渐变暗。肌纤维较牛肉为粗，质地松软，肌肉内结缔组织较多，质硬，肌膜明显，肌间无脂肪，具微酸气味。脂肪柔软略带黄色，搓揉时稍有融化和沾腻。

（6）狗肉　色暗褐，质结实，纤维细，肌间杂有少量脂肪。脂肪灰白色，质地柔软滑润。

（7）兔肉　色灰白或淡红，肉质柔软，具有一种特殊清淡风味，肌间脂肪少。

4. 评判标准

（1）鲜肉的颜色　新鲜肉外表覆有一层淡玫瑰色或淡红色干膜，触摸时发沙沙声，新切开的表面轻度湿润，但不发黏，具有各种牲畜肉特有的色泽，肉汁透明；开始腐败肉外表干硬皮呈暗红色，切面暗而湿润，轻度发黏，肉汁浑浊；变质肉表面呈灰色或灰绿色，新切面呈暗色，浅灰绿色或黑色，触摸很湿、发黏。

（2）鲜肉的气味　新鲜肉气味良好，具有各种畜肉的固有气味；开始腐败的肉发出微酸气味，或微有腐败的气味，有时外面腐败，深部尚无腐败气味；变质肉，肉的深部也有显著的腐败气味。

（3）鲜肉的肉嫩度　受动物的种类、品种、性别、年龄等因素影响，如猪肉及羊肉较嫩，牛肉与马肉较粗，肉的嫩度随动物的年龄增加而降低。

（4）鲜肉的弹性　新鲜肉富有弹性，结实紧密，指压凹很快复平；次鲜肉弹性较差，指压凹慢慢复平（在 1min）；变质肉指压凹往往不复平。

（5）煮沸后肉汤的检查　新鲜肉的肉汤透明、芳香，具有令人愉快的气味，脂肪有适口的气味和滋味，大量集中于汤面上；次鲜肉的肉汤浑浊、无香味，常带有酸败气味，肉汤表面油滴小，有油哈喇味；变质肉的肉汤极浑浊，汤内浮有絮片或碎片，有显著的腐败臭味，肉汤表面几乎无油滴，具有酸败脂肪气味。

二、pH 值

1. 原理

牲畜生前肌肉的 pH 值为 7.1～7.2，屠宰后由于肌肉中代谢过程发生改变，肌糖原剧烈分解，乳酸和磷酸逐渐聚积，使肉的 pH 值下降，如宰后 1h 的热鲜肉，pH 值可降到 6.2～6.3，经 24h 后降至 5.6～6.0，此 pH 值在肉品工业中叫做"排酸值"。它能一直维持到肉发生腐败分解前，因此新鲜肉的肉浸液其 pH 值一般在 5.8～6.8 范围内。肉腐败时，由于肉中蛋白质在细菌酶的作用下，被分解为氨和胺类等碱性物质，所以使肉趋于碱性，pH 值显著增高，可作为检查肉类新鲜度的一个指标。

2. 试剂

（1）20℃时，pH4.00 缓冲溶液　称取邻苯二甲酸氢钾 10.211g（预先在 125℃烘干至恒重）溶于水中，稀释至 1000mL，该溶液的 pH 值在 10℃时为 4.00，在 30℃时为 4.01。

（2）20℃时，pH5.45 缓冲溶液　取 0.2mol/L 的柠檬酸水溶液 500mL 和 0.2mol/L 的氢氧化钠溶液 375mL 混匀，该溶液的 pH 值在 10℃时为 5.42，在 30℃时为 5.48。

（3）20℃时，pH6.88 缓冲溶液　取磷酸二氢钾 3.402g 和磷酸氢二钠 3.549g，溶解于水中，稀释至 1000mL，该溶液的 pH 值在 10℃时为 6.92，在 30℃时为 6.85。

3. 操作步骤

（1）肉浸液的制备

① 采肉　用剪子自肉检样的不同部位采取无筋腱、无脂肪的肌肉 10g，再剪成豆粒大小的碎块，并装入 300mL 的三角烧瓶中。

② 浸泡　取经过再次煮沸后冷却的蒸馏水 100mL，注入盛有碎肉的三角烧瓶中，浸渍 15min（每 5min 振荡一次）。

③ 过滤　先将放在玻璃漏斗中的滤纸用蒸馏水浸湿，然后再将上述的肉浸液倒入漏斗中，把滤液倒入 200mL 量筒中，同时观察并记录前 5min 内获得的滤液量。

一般来说，肉越新鲜过滤速度越快，肉浸液越透明，色泽也正常。新鲜的猪肉肉浸液几乎无色透明或具有淡的乳白色；牛、羊肉的肉浸液呈透明的麦秆黄色。次鲜肉的浸液则呈微浑浊，变质肉的浸液呈灰粉红色，且浑浊。

（2）pH 的测定　将酸度计调零、校正，然后将玻璃电极和参比电极插入容器内的肉浸液中，按下读数开关，此时指针移动，到某一刻度处静止不动，读取指针所指的值，加上 pH 范围调节档上的数值，即为该肉浸液的 pH 值。

4. 判定标准

新鲜肉 pH5.8～6.2，次新鲜肉 pH6.3～6.6，变质肉 pH6.7 以上。

5. 注意事项

复合或玻璃电极在使用、校正、测定前后应用蒸馏水充分洗涤，然后用滤纸将电极吸干，再进行测定。并且经标准缓冲溶液校准后，不能再移动校准旋钮。

由于玻璃电极的玻璃膜脆弱，极易碰坏，安装时应使其略高于甘汞电极。测定时样液温度应与缓冲液温度相同或接近（温差±2℃）。

三、蛋白质沉淀

1. 原理

肌肉中的球蛋白在碱性环境中呈可溶解状态，而在酸性条件下不溶解。新鲜肉呈酸性，因此在其肉浸液中无球蛋白存在。肉在腐败过程中，由于大量肌碱的形成，环境显著变碱性，因此使肉中球蛋白在制作肉浸液时溶解于浸液中，而且肉的腐败越严重，溶液中球蛋白的含量就越多，因此可以根据肉浸液中有无球蛋白和球蛋白的多少来检验肉品的质量。同时，蛋白质具有在碱性溶液中能和重金属离子结合形成蛋白质盐而沉淀的特性，可选用 10%硫酸铜作试剂。Cu^{2+} 和其中的球蛋白结合形成蛋白质盐而沉淀。这样，就可以根据沉淀的有无和沉淀的数量判定肉的新鲜度。

2. 试剂

10％硫酸铜溶液：称取硫酸铜 10g 溶于 100mL 蒸馏水中。

3. 操作步骤

（1）按 pH 测定操作步骤中的肉浸液制备方法进行肉浸液的制备。

（2）取小试管 2 支，一支注入肉浸液 2mL，另一支注入蒸馏水 2mL，作为对照。

（3）用移液管吸取 10％ $CuSO_4$ 溶液向上述两试管中各滴入 5 滴，充分振荡后观察。

4. 判定标准

（1）新鲜肉　液体呈紫蓝色，并完全透明。

（2）次鲜肉　液体呈微弱或轻度浑浊，有时有少量悬浮物。

（3）变质肉　液体浑浊，有白色沉淀。

四、挥发性盐基氮

1. 原理

挥发性盐基氮是动物性食品在腐败过程中，由于酶和细菌的作用，使蛋白质分解而产生胺类等碱性含氮物质（如酪胺、组胺、尸胺、腐胺等），也称为碱性总氮。这些碱性含氮物质多具有一定的毒性，可引起食物中毒。它们在碱性环境中具有挥发性，在碱性溶液中游离并被蒸馏出来，经硼酸溶液吸收，用盐酸（或）硫酸标准溶液滴定，即可计算含量。正是因为挥发性盐基氮与动物性食品腐败变质程度之间有明确的对应关系，即肉品中所含挥发性盐基氮的量随着腐败的进行而增加，与腐败程度之间有明显的对应关系。因此，挥发性盐基氮含量的测定是衡量肉品新鲜程度的重要指标之一。

2. 试剂和仪器

（1）试剂

① 氧化镁悬液（10g/L）　称取 1.0g 氧化镁，加 10mL 水，振摇成混悬液。

② 硼酸吸收液（20g/L）　称取 4.0g 硼酸，加 20mL 水，混匀。

③ 甲基红-次甲基蓝混合指示剂　甲基红乙醇溶液（2g/L）与次甲基蓝溶液（1g/L），使用时将两液等量混合，即为混合指示剂。

④ 0.01mol/L 的盐酸；无氨蒸馏水。

（2）仪器　半微量凯氏定氮仪、微量滴定管。

3. 操作步骤

（1）按 pH 测定操作步骤中的肉浸液制备方法进行肉浸液的制备，滤液置于冰箱中备用。

（2）连接好凯氏定氮仪，将盛有 10mL 硼酸吸收液及 5～6 滴混合指示液的锥形瓶置于冷凝管下端，并使其端口插入吸收液的液面下。准确吸取 5.0mL 肉浸滤液于蒸馏器反应室内，加 5mL 的 10g/L 氧化镁悬液，迅速盖塞，并加水封口，通入蒸汽，蒸馏 5min 即停止。吸收液用盐酸标准溶液滴定至蓝紫色为终点。同时做试剂空白试验。

4. 计算

$$X = \frac{(V_1 - V_2) \times c \times 14}{m \times \dfrac{5}{100}} \times 100 \qquad (27\text{-}1)$$

式中，X 为样品中挥发性盐基氮的含量，mg/100g；V_1 为测定用样液所消耗的盐酸标准溶液的体积，mL；V_2 为空白试验用去的盐酸标准溶液体积，mL；c 为盐酸标准溶液的摩尔浓度，mol/L；m 为样品质量，g；14 为 1.00mL 盐酸标准溶液（$c_{HCl} = 1.000mol/L$）相当的氮的质量，mg。

五、注意事项

半微量蒸馏器在使用前用蒸馏水并通入水蒸气对其内室充分洗涤 2～3 次，空白试验稳定后才能开始试验。试验操作结束后，用稀硫酸并通入水蒸气对其室内残留物洗涤，然后用蒸馏水同样洗涤。每个样品测定前也要用蒸馏水洗涤仪器 2～3 次。

普遍认为挥发性盐基氮能比较有规律地反映肉品新鲜度，并与感官评价一致，是评定肉品新鲜度的客观指标，而其他几项指标只能作为参考指标。总之，肉品新鲜度的判断必须多项指标综合评定，不能单靠某一项对食品作出处理意见，以防出现偏差。同时要提高测定准确度和自动化水平，减少人为的测定误差。

六、思考题

1. 根据上述实验结果，填写表 27-1，并分析结果。

表 27-1 实验结果汇总

项目	感官评价结果	pH 值	蛋白质沉淀	挥发性盐基氮
样 1				
样 2				
空白对照				

2. 肉的新鲜度指标中，各个指标是否有关联？

参 考 文 献

[1] 巢强国. 食品质量检验. 北京：中国计量出版社，2006.

[2] 河南农业大学. 动物性食品检验学. 北京：中国农业科学技术出版社，2003.

[3] 佘锐萍. 动物产品卫生检验. 北京：中国农业大学出版社，2000.

[4] 王爱华等. 动物性食品卫生检验. 北京：化学工业出版社，2006.

[5] 章银良. 食品检验教程. 北京：化学工业出版社，2006.

[6] 汪浩明. 食品检验技术（感官评价部分）. 北京：中国轻工业出版社，2007.

[7] 中国标准出版社第一编辑室. 中国食品工业标准汇编：食用油及其制品卷. 北京：中国标准出版社，2006.

实验二十八　食品中淀粉的测定

目的：①明确与掌握各类食品中淀粉含量的测定原理及方法；②掌握用酶水解法和酸水解法测定淀粉的方法。

一、第一法　酶水解法

1. 原理

样品经除去脂肪及可溶性糖类后，其中淀粉用淀粉酶水解成双糖，再用盐酸将双糖水解成单糖，最后按还原糖测定，并折算成淀粉。

2. 试剂与仪器

（1）0.5%淀粉酶溶液　称取淀粉酶0.5g，加100mL水溶解，加入数滴甲苯或三氯甲烷，防止长霉，贮于冰箱中。

（2）碘溶液　称取3.6g碘化钾溶于20mL水中，加入1.3g碘，溶解后加水稀释至100mL。

（3）乙醚。

（4）85%乙醇。

（5）6mol/L盐酸　量取50mL盐酸加水稀释至100mL。

（6）甲基红指示液　0.1%乙醇溶液。

（7）20%氢氧化钠溶液。

（8）碱性酒石酸铜甲液　称取34.639g硫酸铜（$CuSO_4 \cdot 5H_2O$），加适量水溶解，加0.5mL硫酸，再加水稀释至500mL，用精制石棉过滤。

（9）碱性酒石酸铜乙液　称取173g酒石酸钾钠与50g氢氧化钠，加适量水溶解，并稀释至500mL，用精制石棉过滤，贮存于橡胶塞玻璃瓶内。

（10）0.1000mol/L高锰酸钾标准溶液。

（11）硫酸铁溶液　称取50g硫酸铁，加入200mL水溶解后，加入100mL硫酸，冷后加水稀释至1000mL。

3. 操作方法

（1）样品处理　称取 2～5g 样品，置于放有折叠滤纸的漏斗内，先用 50mL 乙醚分 5 次洗除脂肪，再用约 100mL 85％乙醇溶液洗去可溶性糖类，将残留物移入 250mL 烧杯内，并用 50mL 水洗滤纸及漏斗，洗液并入烧杯内，将烧杯置沸水浴上加热 15min，使淀粉糊化，放冷至 60℃以下，加 20mL 淀粉酶溶液，在 55～60℃保温 1h，并时时搅拌。然后取 1 滴此液加 1 滴碘液，应不显现蓝色，若显蓝色，再加热糊化并加 20mL 淀粉酶溶液，继续保温，直至加碘不显蓝色为止。加热至沸，冷后移入 250mL 容量瓶中，并加水至刻度，混匀，过滤，弃去初滤液。取 50mL 滤液，置于 250mL 锥形瓶中，并加水至刻度，沸水浴中回流 1h，冷后加 2 滴甲基红指示液，用 20％氢氧化钠溶液中和至中性，溶液转入 100mL 容量瓶中，洗涤锥形瓶，洗液并入 100mL 容量瓶中，加水至刻度，混匀备用。

（2）测定　吸取 50mL 处理后的样品溶液于 400mL 烧杯内，加入碱性酒石酸铜甲液及乙液各 25mL，于烧杯上盖一表面皿，加热，控制在 4min 内沸腾，再准确煮沸 2min，趁热用铺好石棉的古氏坩埚或 G₄ 垂熔坩埚抽滤，并用 60℃热水洗涤烧杯及沉淀，至洗液不呈碱性为止。将古氏坩埚或 G₄ 垂熔坩埚放回原 400mL 烧杯中，加 25mL 硫酸铁溶液及 25mL 水，用玻璃棒搅拌使氧化亚铜完全溶解，以 0.1000mol/L 高锰酸钾标准溶液滴定至微红色为终点。

同时量取 50mL 水及与样品处理时相同量的淀粉酶溶液，按同一方法做试剂空白实验。

4. 计算

$$X_1 = \frac{(A_1 - A_2) \times 0.9}{m_1 \times 50/250 \times V_1/100 \times 1000} \times 100 \tag{28-1}$$

式中，X_1 为样品中淀粉的含量，％；A_1 为测定用样品中还原糖的含量，mg；A_2 为试剂空白中还原糖的含量，mg；0.9 为还原糖（以葡萄糖计）换算成淀粉的换算系数；m_1 为称取样品质量，g；V_1 为测定用样品处理液的体积，mL。

二、第二法　酸水解法

1. 原理

样品经除去脂肪及可溶性糖类后，其中淀粉用酸水解成具有还原性的单糖，然后按还原糖测定，并折算成淀粉。

2. 试剂

（1）乙醚。

（2）85％乙醇溶液。

（3）6mol/L 盐酸溶液。

（4）40％氢氧化钠溶液。

（5）10％氢氧化钠溶液。

（6）甲基红指示液　0.2％乙醇溶液。

（7）精密 pH 试纸。

（8）20％乙酸铅溶液。

（9）10％硫酸钠溶液。

（10）碱性酒石酸铜甲液。

（11）碱性酒石酸铜乙液。

（12）硫酸铁溶液。

（13）0.1000mol/L 高锰酸钾标液。

3. 仪器

水浴锅，高速组织捣碎机，皂化装置并附 250mL 锥形瓶。

4. 操作方法

（1）样品处理

① 粮食、豆类、糕点、饼干等较干燥的样品　称取 2.0～5.0g 磨碎过 40 目筛的样品，置于放有慢速滤纸的漏斗中，用 30mL 乙醚分三次洗去样品中的脂肪，弃去乙醚。再用 150mL 85％乙醇溶液分数次洗涤残渣，除去可溶性糖类物质。滤干乙醇溶液，以 100mL 水洗涤漏斗中残渣并转移至 250mL 锥形瓶中，加入 30mL 6mol/L 盐酸，接好冷凝管，置沸水浴中回流 2h。回流完毕后，立即置流水中冷却。待样品水解液冷却后，加入 2 滴甲基红指示液，先以40％氢氧化钠溶液调至黄色，再以 6mol/L 盐酸校正至水解液刚变红色为宜。若水解液颜色较深，可用精密 pH 试纸测试，使样品水解液的 pH 约为 7。然后加 20mL 20％乙酸铅溶液，摇匀，放置 10min。再加 20mL 10％硫酸钠溶液，以除去过多的铅。摇匀后将全部溶液及残渣转入 500mL 容量瓶中，用水洗涤锥形瓶，洗液合并于容量瓶中，加水稀释至刻度。过滤，弃去初滤液20mL，滤液供测定用。

② 蔬菜、水果、各种粮豆含水熟食制品　按 1∶1 加水在组织捣碎机中捣成匀浆（蔬菜、水果需先洗净、晾干，取可食部分）。称取 5～10g 匀浆（液体样品可直接量取）于 250mL 锥形瓶中，加 30mL 乙醚振摇提取（除去样品中脂肪），用滤纸过滤除去乙醚，再用 30mL 乙醚淋洗两次，弃去乙醚。以下按①自"再用 150mL 85％乙醇溶液"起依法操作。

（2）测定　吸取 50mL 处理后的样品溶液于 400mL 烧杯内，各加 25mL碱性酒石酸铜甲液及乙液。于烧杯上盖一表面皿加热，控制在 4min 沸腾再准确煮沸 2min，趁热用铺好石棉的古氏坩埚或 G_4 垂熔坩埚抽滤，并用 60℃ 热水洗涤烧杯及沉淀，至洗液不呈碱性为止。将古氏坩埚或 G_4 垂熔坩埚放回原 400mL 烧杯中，加 25mL 硫酸铁溶液及 25mL 水，用玻璃棒搅拌使氧化铜完全溶解，以 0.1000mol/L 高锰酸钾标准溶液滴定至微红色为终点。

同时吸取 50mL 水，加与测定样品时相同量的碱性酒石酸铜甲乙液、硫酸铁溶液及水，按同一方法做试剂空白试验。

5. 计算

$$X_2 = \frac{(A_3 - A_4) \times 0.9}{m_2 \times \dfrac{V_2}{500} \times 100} \times 100 \qquad (28\text{-}2)$$

式中，X_2 为样品中的淀粉含量，%；A_3 为测定用样品中水解液中还原糖含量，mg；A_4 为试剂空白中还原糖的含量，mg；m_2 为样品质量，mg；V_2 为测定用样品水解液体积，mL；500 为样品液总体积，mL；0.9 为还原糖折算成淀粉的换算系数。

三、思考题

1. 食品中淀粉测定有哪几种方法？
2. 食品中淀粉测定法中的酶水解、酸水解法原理是什么？

参 考 文 献

[1] GB/T 5009.9—2008 食品中淀粉的测定.

实验二十九 食品中不溶性纤维和粗纤维的测定

一、目的

了解与掌握植物类食品中粗纤维含量的测定方法与原理。

二、仪器与试剂

1. 仪器

实验室用粉碎机，烘箱，恒温箱，马弗炉，电热板，尼龙滤布，耐热玻璃棉，坩埚式耐热玻璃滤器（G_3），古氏坩埚，回流装置（500mL 锥形瓶及冷凝管），抽滤装置（抽滤瓶 4 个、真空泵 1 台）。

2. 试剂

（1）十二烷基磺酸钠（化学纯）；乙二胺四乙酸二钠（分析纯）；四硼酸钠，含 $10H_2O$（分析纯）；无水磷酸氢二钠（分析纯）；磷酸二氢钠（分析纯）；乙二醇乙醚（化学纯）；正辛醇（化学纯）；无水亚硫酸钠（分析纯）；石油醚，沸程范围 30～60℃；丙酮（分析纯）；磷酸（分析纯）；无水乙醇（分析纯）；乙醚（分析纯）；α-淀粉酶；甲苯（化学纯）；1.25% 硫酸溶液；1.25% 氢氧化钾溶液。

（2）中性洗涤溶液的制备法　将 18.61g 乙二胺四乙酸二钠和 6.81g 四硼酸钠（含 $10H_2O$）用 150mL 蒸馏水加热溶解。另将 30g 十二烷基磺酸钠和 10mL 乙二醇乙醚溶于 700mL 热水中。合并上述 2 种溶液，再将 4.56g 无水磷酸氢二钠溶于 150mL 热水中，并入上述溶液中。用磷酸调节 pH 值至 6.9～7.1，定容至 1000mL，混匀后备用。

（3）磷酸盐缓冲液　由 38.7mL 0.1mol/L 磷酸氢二钠和 61.3mL 0.1mol/L 磷酸二氢钠混合而成，pH 值为 7。

（4）2.5% α-淀粉酶溶液　称取 2.5g α-淀粉酶（美国 Sigma 公司，VI-A

型，产品号6880）溶于100mL、pH7.0的磷酸盐缓冲溶液中，离心、过滤后酶液备用。

（5）所用水为二次蒸馏水。

三、实验方法

1. 不溶性膳食纤维（IDF）的测定（中性洗涤剂法）

（1）原理　在中性洗涤剂的消化作用下，样品中的糖、淀粉、蛋白质、果胶等物质被溶解除去，不能消化的残渣为不溶性膳食纤维，主要包括纤维素、半纤维素、木质素、角质和二氧化硅等，并包括不溶性灰分。

（2）实验步骤　称取混合均匀的试样1.00g于250mL锥形瓶中，以石油醚脱脂，加100mL中性洗涤剂溶液、5滴正辛醇和0.59g无水亚硫酸钠，置于电热板上保持微沸1.0h，抽滤煮沸后的样品，热水洗涤并抽滤至干，玻璃滤器用橡皮塞塞上，加淀粉酶在恒温箱中水解（过夜），热水洗涤，丙酮洗涤，玻璃滤器置110℃烘箱中4h，后置于干燥器，冷却称量，计算不溶性膳食纤维含量。

（3）计算　不溶性膳食纤维含量（％）的计算公式为：

$$X = \frac{m_2 - m_1}{m} \times 100 \qquad (29\text{-}1)$$

式中，X 为不溶性膳食纤维含量，％；m_1 为烘干后的玻璃滤器＋玻璃棉质量，g；m_2 为烘干后的玻璃滤器＋玻璃棉＋残留物质量，g；m 为样品质量，g。

2. 粗纤维（CF）的测定（重量法）

（1）原理　样品相继与热的稀酸、稀碱共煮，并分别经过滤分离、洗涤残留物等操作，再进行干燥、灰化。酸可将糖、淀粉、果胶质和部分半纤维素水解而除去。碱能溶解蛋白质、部分半纤维素、木质素和皂化脂肪酸而将其除去。再用乙醇和乙醚处理，所得的残渣干燥后减去灰分重即为粗纤维含量。

（2）实验步骤　称取混合均匀的试样10.00g于250mL锥形瓶中，加100mL煮沸的1.25％硫酸溶液，加热回流，保持微沸30min，用亚麻布过滤或以玻璃坩埚抽滤煮沸后的样品溶液，热水洗涤并抽滤至干（最后滤液呈中性），用100mL煮沸的1.25％氢氧化钾溶液将滤器上的不溶物洗至原锥形瓶内，加热回流，保持微沸30min，用亚麻布过滤或抽滤煮沸后的样液，热水洗涤并抽滤至干（最后滤液呈中性），乙醇洗涤，乙醚洗涤，转入古氏坩埚，置110℃烘箱中4h，置于干燥器，冷却称量至恒重，再移入550℃马弗炉中灰化2.0h，置于干燥器内冷却，称量，计算所损失的量为粗纤维含量。

（3）计算 粗纤维含量（%）的计算公式为：

$$X = \frac{A_2 - A_1}{m} \times 100 \tag{29-2}$$

式中，X 为粗纤维含量，%；A_2 为古氏坩埚＋粗红维＋残渣中灰分质量，g；A_1 为古氏坩埚＋残渣中灰分质量，g；m 为样品质量，g。

四、思考题

1. 不溶性膳食纤维（IDF）的测定原理是什么？
2. 粗纤维（CF）的测定原理是什么？

参 考 文 献

[1] GB/T 5009.88—2008 食品中不溶性膳食纤维的测定.
[2] GB/T 5009.10—2003 植物类食品中粗纤维的测定.

实验三十　酱油中氨基酸态氮的测定

一、目的

了解氨基酸态氮的测定方法，掌握双指示剂甲醛法、电位滴定法的原理和基本操作技术。

二、实验原理

氨基酸具有酸、碱两重性质，因为氨基酸含有—COOH 显示酸性，又含有—NH$_2$ 显示碱性。由于这两个基团的相互作用，使氨基酸成为中性的内盐。当加入甲醛溶液时，—NH$_2$ 与甲醛结合，其碱性消失，破坏内盐的存在，就可用碱来滴定—COOH，以间接方法测定氨基酸的量。

三、实验仪器

酸度计，磁力搅拌器，10mL 微量滴定管。

四、实验步骤

1. 用双指示剂甲醛滴定法测定酱油中的氨基酸态氮

吸取酱油 25mL 于 250mL 容量瓶中，用蒸馏水定容，加 5g 活性炭脱色，用干燥滤纸过滤。吸取滤液 25mL 2 份，分别置于 250mL 锥形瓶中。加水 50mL，其中一份加 3 滴中性红指示剂，用 0.1mol/L 氢氧化钠滴定至琥珀色为终点；另一份加入 3 滴百里酚酞指示剂及中性甲醛 10mL，摇匀，静置 1min，用 0.1mol/L 氢氧化钠滴定至淡蓝色为终点，记录两次所消耗的碱液体积（mL）。

注：本测定也可使用混合指示剂，即三份酚酞加一份百里酚酞。具体方法如下：先加6滴0.1％酚酞（50％乙醇溶液），用氢氧化钠滴定至淡红色。加入甲醛，再加2滴0.1％百里酚酞（50％乙醇溶液），此时溶液为黄色，再用氢氧化钠滴定直至淡紫色为终点。记录加甲醛后滴定所消耗的氢氧化钠量，即可计算出氨基酸态氮的含量。

2. 用电位滴定法测定酱油中的氨基酸态氮

吸取酱油5.00mL于100mL容量瓶中，用蒸馏水定容；吸取20mL样品溶液于250mL烧杯中，加60mL水，开动磁力搅拌器，用0.05mol/L氢氧化钠标准溶液滴定至pH8.2，记录消耗氢氧化钠标准溶液体积（mL）。计算总酸含量。加入10.0mL甲醛溶液，混匀。再用0.05mol/L氢氧化钠标准溶液滴定至pH8.2，记录消耗氢氧化钠标准溶液体积（mL）。取80mL水先用0.05mol/L氢氧化钠标准溶液调至pH8.2，加入10.0mL甲醛溶液，混匀。用0.05mol/L氢氧化钠标准溶液滴定至pH9.2，做试剂空白实验。

五、实验结果

1. 用双指示剂甲醛滴定法测定酱油中的氨基酸态氮

按下式进行结果计算：

$$氨基酸态氮(g/100mL) = \frac{c \times (V_2 - V_1) \times 0.014}{25 \times \frac{25}{250}} \times 100 \qquad (30\text{-}1)$$

式中，c 为氢氧化钠标准溶液的浓度，mol/L；V_1 为用中性红作指示剂滴定耗氢氧化钠标准液的量，mL；V_2 为用百里酚酞作指示剂滴定耗氢氧化钠标准液的量，mL；0.014 为1.00mL氢氧化钠标准溶液相当于氮的质量（g），g/mmol；25 为取样品溶液的量，mL。

2. 用电位滴定法测定酱油中的氨基酸态氮

按下式计算：

$$氨基酸态氮(g/100mL) = \frac{c \times (V_2 - V_1) \times 0.014}{5 \times \frac{V_3}{100}} \times 100 \qquad (30\text{-}2)$$

式中，V_1 为加入甲醛后消耗氢氧化钠标准溶液的量，mL；V_2 为空白试验加甲醛后消耗氢氧化钠标准溶液的量，mL；c 为氢氧化钠标准溶液的浓度，mol/L；V_3 为测定用样品稀释液的量，mL；0.014 为1.00mL氢氧化钠标准溶液相当于氮的质量（g），g/mmol；5 为样品量，mL。

六、思考题

1. 氨基酸态氮的测定方法有哪几种？
2. 双指示剂甲醛法的测定原理是什么？

参 考 文 献

[1] 刘永华. 酱油中氨基酸态氮测定方法的探讨. 中国医药指南, 2012, 36.

实验三十一　蒸馏法测碳酸氢铵

一、目的

本实验采用容量测定法，学习掌握碳酸氢铵中氨氮含量的测定。

二、原理

用碱溶液置换出氨后进行蒸馏，并用过量的标准硫酸溶液进行吸收，再在指示剂的存在下，用标准氢氧化钠溶液进行反滴定。

三、主要仪器和试剂

1. 仪器

蒸馏装置，包括蒸馏瓶、Splish 头、柱状漏斗、Liebieg 冷凝器、锥形瓶和弹簧夹等。

2. 主要试剂

（1）0.25mol/L 硫酸标准溶液、0.5mol/L 氢氧化钠标准溶液、甲基红、亚甲基蓝、95％乙醇。

（2）甲基红与亚甲基蓝的混合溶液　取 0.1g 甲基红溶于 95％乙醇中，然后再加 0.05g 亚甲基蓝溶解，最后用 95％乙醇定容至 100mL，混匀。

四、操作方法

于带磨口塞的称量瓶中，迅速称取 1g 试样准确至 0.0002g，立即放入预先装有 50mL 硫酸标准液的 250mL 的锥形瓶中，混匀使样品充分反应，加热煮沸去除 CO_2，冷却后加入 3~4 滴混合指示剂，用氢氧化钠标准指示剂滴定至溶液呈灰色为终点。

五、计算

碳酸氢铵的含量（X）以质量分数（%）表示，按下式计算：

$$X = \frac{(c_1 V_1 - c_2 V_2) \times 0.07906}{m} \times 100 \qquad (31\text{-}1)$$

式中，c_1 为硫酸标准溶液的浓度，mol/L；V_1 为硫酸标准溶液的体积，mL；n_2 为氢氧化钠标准溶液的浓度，mol/L；V_2 为滴定消耗氢氧化钠标准溶液的体积，mL；m 为试样的质量，g；0.07906 为每毫摩尔碳酸氢铵的质量。

六、思考题

1. 蒸馏法测碳酸氢铵的原理及实验的注意事项是什么？
2. 测定碳酸氢铵的意义是什么？

参 考 文 献

[1] ISO 2515—1973 (E).

实验三十二　食品中甲醛的测定

一、目的

1. 掌握食品中甲醛测定的原理及方法。
2. 熟练使用紫外分光光度计。

二、原理

甲醛气体经水吸收后，在 pH6 的乙酸-乙酸铵缓冲溶液中，与乙酰丙酮作用，在沸水浴条件下，迅速生成稳定的黄色化合物，在波长 413nm 处测定。

三、仪器与试剂

1. 仪器

水蒸气蒸馏装置，紫外分光光度计，酸度计，水浴锅。

2. 试剂

(1) 10％（体积分数）磷酸溶液。

(2) 不含有机物的蒸馏水　加少量高锰酸钾的碱性溶液于水中再行蒸馏即得（在整个蒸馏过程中水应始终保持红色，否则应随时补加高锰酸钾）。

(3) 吸收液　不含有机物的重蒸馏水。

(4) 乙酸铵（NH_4CH_3COO）。

(5) 冰醋酸（CH_3COOH）：$\rho=1.055$。

(6) 乙酰丙酮溶液，0.25％（V/V）　称 25g 乙酸铵，加少量水溶解，加 3mL 冰醋酸及 0.25mL 新蒸馏的乙酰丙酮，混匀再加水至 100mL，调整 pH6.0，此溶液于 2～5℃贮存，可稳定一个月。

(7) 0.1000mol/L 碘溶液　称量 40g 碘化钾，溶于 25mL 水中，加入

12.7g 碘。待碘完全溶解后，用水定容至 1000mL。移入棕色瓶中，暗处贮存。

（8）氢氧化钠（NaOH）。

（9）1mol/L 氢氧化钠溶液　称量 40g 氢氧化钠，溶于水中，并稀释至 1000mL。

（10）0.5mol/L 硫酸溶液　取 28mL 浓硫酸（$\rho=1.84g/mL$）缓慢加入水中，冷却后，稀释至 1000mL。

（11）0.5% 淀粉指示剂　将 0.5g 可溶性淀粉用少量水调成糊状后，再加入 100mL 沸水，并煮沸 2～3min 至溶液透明。冷却后，加入 0.1g 水杨酸或 0.4g 氯化锌保存。

（12）重铬酸钾标准溶液 $c(1/6K_2Cr_2O_7)=0.1000mol/L$　准确称取在 110～130℃烘 2h，并冷至室温的重铬酸钾 2.4516g，用水溶解后移入 500mL 容量瓶中，用水稀释至标线，摇匀。

（13）硫代硫酸钠标准滴定溶液 $c(Na_2S_2O_3 \cdot 5H_2O)\approx0.10mol/L$　称取 12.5g 硫代硫酸钠溶于煮沸并放冷的水中，稀释至 1000mL。加入 0.4g 氢氧化钠，贮于棕色瓶内，使用前用重铬酸钾标准溶液标定，其标定方法如下：

于 250mL 碘量瓶内，加入约 1g 碘化钾及 50mL 水，加入 20.0mL 重铬酸钾标准溶液（13），加入 5mL 硫酸溶液（10），混匀，于暗处放置 5min。用硫代硫酸钠溶液滴定，待滴定至溶液呈淡黄色时，加入 1mL 淀粉指示剂（12），继续滴定至蓝色刚好褪去，记下用量（V_1）。

硫代硫酸钠标准滴定溶液浓度（mol/L），由式（32-1）计算：

$$c_1=\frac{c_2 \times V_2}{V_1} \tag{32-1}$$

式中，c_1 为硫代硫酸钠标准滴定溶液浓度，mol/L；c_2 为重铬酸钾标准溶液浓度，mol/L；V_1 为滴定时消耗硫代硫酸钠溶液体积，mL；V_2 为取用重铬酸钾标准溶液体积，mL。

（14）甲醛标准贮备溶液　取 2.8mL 含量为 36%～38% 的甲醛溶液，放入 1L 容量瓶中，加水稀释至刻度。此溶液 1mL 约相当于 1mg 甲醛。其准确浓度用碘量法标定。

标定：精确量取 20.00mL 上述经稀释后的甲醛溶液，置于 250mL 碘量瓶中。加入 20.00mL 0.1000mol/L 碘溶液和 15mL 1mol/L 氢氧化钠溶液，放置 15min。加入 20mL 0.5mol/L 硫酸溶液，再放置 15min，用 0.1000mol/L 硫代硫酸钠溶液滴定，至溶液呈现淡黄色时，加入 1mL 0.5% 淀粉指示剂，继续滴定至刚使蓝色消失为终点，记录所用硫代硫酸钠溶液体积。同时用水作试剂空白滴定。甲醛溶液的浓度用下式计算：

$$c = \frac{(V_1 - V_2) \times M \times 15}{20} \tag{32-2}$$

式中，c 为溶液中的甲醛浓度，mg/mL；V_1 为滴定空白时所用硫代硫酸钠标准溶液体积，mL；V_2 为滴定甲醛溶液时所用硫代硫酸钠标准溶液体积，mL；M 为硫代硫酸钠标准溶液的摩尔浓度，mol/L；15 为甲醛的换算值，$M\left(\frac{1}{2}HCHO\right) = 15$。

甲醛标准使用溶液：用时取甲醛标准贮备液，用吸收液稀释成 $1.00mL$ 含 $5.00\mu g$ 甲醛，此溶液应现用现配。

（15）样品为市场购买面粉、白糖、红糖均可。

四、操作步骤

1. 试样测定

吸取蒸馏液 $10mL$，加入乙酰丙酮溶液 $1mL$ 混匀，至沸水浴中 $5min$ 取出冷却。然后以蒸馏水调零，于波长 $435nm$ 处，以 $1cm$ 比色杯进行比色，记录吸光度，查校正曲线计算结果。

2. 校正曲线的制备

吸取甲醛标准使用液 $0.5mL$、$1.00mL$、$3.00mL$、$5.00mL$、$7.00mL$，补充蒸馏水至 $10.0mL$，以下同试样测定"加乙酰丙酮溶液 $1mL$"起同样操作，减去零管吸光度后，绘制校正曲线。以校准吸光度 y 为纵坐标，以甲醛含量 $x(\mu g)$ 为横坐标，用最小二乘法计算其回归方程式

$$y = bx + a \tag{32-3}$$

式中，a 为校准曲线截距；b 为校准曲线斜率。
由斜率倒数求得校准因子：$B_S = 1/b$。

五、结果计算

试样中甲醛的吸光度 y 用下式计算。

$$y = A_S - A_b \tag{32-4}$$

式中，A_S 为样品测定吸光度；A_b 为空白试验吸光度。
试样中甲醛含量 $x(\mu g)$ 用下式计算：

$$x = \frac{y-a}{b} \times \frac{V_1}{V_2} \quad \text{或} \quad x = (y-a)B_S \times \frac{V_1}{V_2} \tag{32-5}$$

式中，V_1 为定容体积，mL；V_2 为测定取样体积，mL。

六、思考题

食品中甲醛测定的实验原理及注意事项是什么？

参 考 文 献

[1]　吴世银等. 食品中甲醛测定方法的研究. 商品与质量，2012，06.

实验三十三 酱油中山梨酸、苯甲酸的测定

目的：学习掌握测定酱油中山梨酸、苯甲酸的不同方法及其原理。

一、第一法　气相色谱法

1. 原理

样品酸化后，用乙醚提取山梨酸、苯甲酸，用附氢火焰离子化检测器的气相色谱仪进行分离测定，与标准系列比较定量。

2. 试剂

（1）乙醚　不含过氧化物。

（2）石油醚　沸程 30～60℃。

（3）盐酸。

（4）无水硫酸钠。

（5）盐酸（1+1）　取 100mL 盐酸，加水稀释至 200mL。

（6）氯化钠酸性溶液（40g/L）　于氯化钠溶液（40g/L）中加少量盐酸（1+1）酸化。

（7）山梨酸、苯甲酸标准溶液　准确称取山梨酸、苯甲酸各 0.2000g，置于 100mL 容量瓶中，用石油醚-乙醚（3+1）混合溶剂溶解后并稀释至刻度。此溶液每毫升相当于 2.0mg 山梨酸或苯甲酸。

（8）山梨酸、苯甲酸标准使用液　吸取适量的山梨酸、苯甲酸标准溶液，以石油醚-乙醚（3+1）混合溶剂稀释至每毫升相当于 50mg、100mg、150mg、200mg、250mg 山梨酸或苯甲酸。

3. 仪器

气相色谱仪：具有氢火焰离子化检测器。

4. 分析步骤

（1）样品提取　称取 2.50g 预先混合均匀的样品，置于 25mL 带塞量筒

中，加 0.5mL 盐酸（1+1）酸化，用 15mL、10mL 乙醚提取 2 次，每次振摇 1min，将上层乙醚提取液吸入另一个 25mL 带塞量筒中。合并乙醚提取液。用 3mL 氯化钠酸性溶液（40g/L）洗涤 2 次，静置 15min，用滴管将乙醚层通过无水硫酸钠滤入 25mL 容量瓶中。加乙醚至刻度，混匀。准确吸取 5mL 乙醚提取液于 5mL 带塞刻度试管中，置 40℃水浴上挥干，加入 2mL 石油醚-乙醚（3+1）混合溶剂溶解残渣，备用。

（2）色谱参考条件

① 色谱柱　玻璃柱，内径 3mm，长 2m，内装涂以 5%（质量分数）DEGS+1%（质量分数）H_3PO_4 固定液的 60~80 目 Chromosorb WAW。

② 气流速度　载气为氮气，50mL/min（氮气和空气、氢气之比按各仪器型号不同选择各自的最佳比例条件）。

③ 温度　进样口 230℃；检测器 230℃；柱温 170℃。

（3）测定　进样 2μL 标准系列中各浓度标准使用液于气相色谱仪中，可测得不同浓度山梨酸、苯甲酸的峰高，以浓度为横坐标、相应的峰高值为纵坐标，绘制标准曲线。同时进样 2μL 样品溶液。测得峰高与标准曲线比较定量。

（4）计算

$$X = \frac{A \times 1000}{m \times \frac{5}{25} \times \frac{V_2}{V_1} \times 1000} \tag{33-1}$$

式中，X 为样品中山梨酸或苯甲酸的含量，g/kg；A 为测定用样品液中山梨酸或苯甲酸的质量，μg；V_1 为加入石油醚-乙醚（3+1）混合溶剂的体积，mL；V_2 为测定时进样的体积，μL；m 为样品的质量，g；5 为测定时吸取乙醚提取液的体积，mL；25 为样品乙醚提取液的总体积，mL。

由测得苯甲酸的量乘以 1.18，即为样品中苯甲酸钠的含量。

二、第二法　高效液相色谱法

1. 原理

样品加温除去二氧化碳和乙醇，调 pH 至近中性，过滤后进高效液相色谱仪，经反相色谱分离后，根据保留时间和峰面积进行定性和定量。

2. 试剂

（1）甲醇　经滤膜（0.5μm）过滤。

（2）稀氨水（1+1）　氨水加水等体积混合。

（3）乙酸铵溶液（0.02mol/L）　称取 1.54g 乙酸铵，加水至 1000mL，溶解，经滤膜（0.45μm）过滤。

（4）碳酸氢钠溶液（20g/L）　称取 2g 碳酸氢钠（优级纯），加水至

100mL，振摇溶解。

（5）苯甲酸标准贮备溶液　准确称取 0.1000g 苯甲酸，加碳酸氢钠溶液（20g/L）5mL，加热溶解，移入 100mL 容量瓶中，加水定容至 100mL，苯甲酸含量为 1mg/mL，作为贮备溶液。

（6）山梨酸标准贮备溶液　准确称取 0.1000g 山梨酸，加碳酸氢钠溶液（20g/L）5mL，加热溶解，移入 100mL 容量瓶中，加水定容至 100mL，山梨酸含量为 1mg/mL，作为贮备溶液。

（7）苯甲酸、山梨酸标准混合使用溶液　取苯甲酸、山梨酸标准贮备溶液各 10.0mL，放入 100mL 容量瓶中，加水至刻度。此溶液含苯甲酸、山梨酸各 0.1mg/mL。经滤膜（0.45μm）过滤（同时测定糖精钠时可加 GB/T 5009.28 中 3.4 糖精钠标准贮备溶液）。

3. 仪器

高效液相色谱仪（带紫外检测器）。

4. 分析步骤

（1）样品处理

① 汽水　称取 5.00～10.0g 样品，放入小烧杯中，微温搅拌除去二氧化碳，用氨水（1＋1）调 pH 约为 7。加水定容至 10～20mL，经滤膜（0.45μm）过滤。

② 果汁类　称取 5.00～10.0g 样品，用氨水（1＋1）调 pH 约为 7，加水定容至适当体积，离心沉淀，上清液经滤膜（0.45μm）过滤。

③ 配制酒类　称取 10.0g 样品放入小烧杯中，水浴加热除去乙醇，用氨水（1＋1）调 pH 约为 7，加水定容至适当体积，经滤膜（0.45μm）过滤。

（2）高效液相色谱参考条件

① 色谱柱　YWG-C_{18} 4.6mm×250mm 10μm 不锈钢柱。

② 流动相　甲醇：乙酸铵溶液（0.02mol/L）（5：95）。

③ 流速　1mL/min。

④ 进样量　10μL。

⑤ 检测器　紫外检测器，波长 230nm，灵敏度 0.2AUFS。

根据保留时间定性，外标峰面积法定量。

（3）计算

$$X = \frac{A \times 1000}{m \times \dfrac{V_2}{V_1} \times 1000} \tag{33-2}$$

式中，X 为样品中苯甲酸或山梨酸的含量，g/kg；A 为进样体积中苯甲酸或山梨酸的质量，mg；V_2 为进样体积，mL；V_1 为样品稀释液总体积，mL；m 为样品质量，g。

三、第三法　薄层色谱法

1. 原理

样品酸化后，用乙醚提取苯甲酸、山梨酸。将样品提取液浓缩，点于聚酰胺薄层板上，展开。显色后，根据薄层板上苯甲酸、山梨酸的比移值，与标准比较定性，并可进行概略定量。

2. 试剂

（1）异丙醇。

（2）正丁醇。

（3）乙醚：不含过氧化物。

（4）氨水。

（5）无水乙醇。

（6）聚酰胺粉：200 目。

（7）盐酸（1+1）　取 100mL 盐酸，加水稀释至 200mL。

（8）氯化钠酸性溶液（40g/L）　于氯化钠溶液（40g/L）中加少量盐酸（1+1）酸化。

（9）展开剂。

（10）山梨酸标准溶液　准确称取 0.2000g 山梨酸，用少量乙醇溶解后移入 100mL 容量瓶中，并稀释至刻度，此溶液每毫升相当于 2.0mg 山梨酸。

（11）苯甲酸标准溶液　准确称取 0.2000g 苯甲酸，用少量乙醇溶解后移入 100mL 容量瓶中，并稀释至刻度，此溶液每毫升相当于 2.0mg 苯甲酸。

（12）显色剂　溴甲酚紫-乙醇（50%）溶液（0.4g/L），用氢氧化钠溶液（4g/L）调至 pH8。

3. 仪器

（1）吹风机。

（2）层析缸。

（3）玻璃板：10cm×18cm。

（4）微量注射器：$10\mu L$、$100\mu L$。

（5）喷雾器。

4. 操作方法

（1）样品提取　称取 2.50g 事先混合均匀的样品，置于 25mL 带塞量筒中，加 0.5mL 盐酸（1+1）酸化，用 15mL、10mL 乙醚提取两次，每次振摇 1min，将上层醚提取液吸入另一个 25mL 带塞量筒中，合并乙醚提取液。用

3mL 氯化钠酸性溶液（40g/L）洗涤两次，静置 15min，用滴管将乙醚层通过无水硫酸钠滤入 25mL 容量瓶中。加乙醚至刻度，混匀。吸取 10.0mL 乙醚提取液分两次置于 10mL 带塞离心管中，在约 40℃的水浴上挥干，加入 0.10mL 乙醇溶解残渣，备用。

（2）测定

① 聚酰胺粉板的制备　称取 1.6g 聚酰胺粉，加 0.4g 可溶性淀粉，加约 7mL 水，研磨 3～5min，立即倒入涂布器内制成 10cm×18cm、厚度 0.3mm 的薄层板两块，室温干燥后，于 80℃干燥 1h，取出，置于干燥器中保存。

② 点样　在薄层板下端 2cm 的基线上，用微量注射器点 1μL、2μL 样品液，同时各点 1μL、2μL 山梨酸、苯甲酸标准溶液。

③ 展开与显色　将点样后的薄层板放入预先盛有展开剂的展开槽内，展开槽周围贴有滤纸，待溶剂前沿上展至 10cm，取出挥干，喷显色剂，斑点成黄色，背景为蓝色。样品中所含山梨酸、苯甲酸的量与标准斑点比较定量（山梨酸、苯甲酸的比移值依次为 0.82、0.73）。

（3）计算

$$X = \frac{A \times 1000}{m \times \frac{10}{25} \times \frac{V_2}{V_1} \times 1000} \tag{33-3}$$

式中，X 为样品中苯甲酸或山梨酸的含量，g/kg；A 为测定用样品液中苯甲酸或山梨酸的质量，mg；V_2 为加入乙醇的体积，mL；V_1 为测定时点样的体积，mL；m 为样品质量，g；10 为测定时吸取乙醚提取液的体积，mL；25 为样品乙醚提取液总体积，mL。

注：本方法还可以同时测定果酱、果汁中的糖精。

四、思考题

比较山梨酸、苯甲酸的不同测定方法及其原理。

参　考　文　献

[1]　GB/T 5009.29—2003 食品中山梨酸、苯甲酸的测定方法.

实验三十四 单宁含量的测定

一、目的

1. 掌握单宁提取及测定的基本原理。
2. 熟练掌握滴定方法。

二、原理

单宁物质是一类强还原剂，极易被氧化。本测定方法以高锰酸钾为氧化剂，根据单宁被活性炭吸附前后的氧化值之差计算单宁物质的含量，靛红能被高锰酸钾氧化从蓝色变为黄色，从而指示终点。

三、仪器与试剂

1. 仪器

烧杯，量筒，容量瓶（100mL），移液管（10mL、5mL），滴定管及滴定管架，研钵，漏斗，滤纸。

2. 试剂

（1）柿子、香蕉、苹果等。

（2）0.01mol/L 高锰酸钾标准溶液　将 1.58g 高锰酸钾溶于沸水中，移入 100mL 容量瓶中，冷却后定容至刻度。用草酸标定后，求出高锰酸钾的摩尔浓度。

（3）0.1%靛红溶液　称取靛红 1g，溶于 50mL 浓硫酸中，如难溶，可在水浴中加热到 60℃，保持 4h，然后稀释至 1000mL。

四、操作方法

取样品 $5.00 \sim 10.00g$ 放入研钵中磨成匀浆，用 $70mL$ 蒸馏水通过漏斗小心地移入 $100mL$ 容量瓶中，充分振摇后加水至刻度混匀，用滤纸过滤。吸取过滤后的样品液 $50mL$ 放入 $100mL$ 锥形瓶，准确加入靛红 $5.0mL$、蒸馏水 $10mL$，用 $0.01mol/L$ 高锰酸钾溶液快速滴定至黄绿色时，再缓慢滴定至明亮的金黄色即为终点。另取样品溶液 $5.0mL$，加入活性炭 $2 \sim 3g$，置水浴上加热搅拌约 $10min$，趁热过滤，并用热水洗涤数次，于滤液中准确加入靛红 $5.0mL$、蒸馏水 $10mL$，同上法滴定，记录体积。

五、结果计算

$$单宁(\%) = \frac{c \times (V_1 - V_2) \times 0.0416}{B} \times \frac{b}{a} \times 100 \qquad (34\text{-}1)$$

式中，c 为高锰酸钾浓度，mol/L；V_1 为滴定样品所消耗高锰酸钾溶液的体积，mL；V_2 为样品吸收单宁后所消耗高锰酸钾溶液的体积，mL；B 为滴定所用样品液体积，mL；b 为制成样品液的总体积，mL；a 为样品的质量，g；0.0416 为 $1mL$ $0.01mol/L$ 高锰酸钾溶液相当于单宁的质量，mg/mL。

六、注意事项

滴定时注意终点颜色的判断。

七、思考题

1. 本实验中活性炭的作用是什么？
2. 单宁含量测定的原理是什么？

参 考 文 献

[1]　王全杰. 植物单宁的含量测定方法. 西部皮革，2010，23.